普通高等教育"十三五"规划教材

电子技术实验汉英双语教程

Chinese-English Bilingual Coursebook on Electronics Laboratory

任国燕　周红军　主编

北　京
冶金工业出版社
2018

内 容 提 要

本书根据国内电子技术课程规范和电子电气类教学要求，参考有关英文教材编写而成，主要内容包括电子技术实验常用设备的使用、模拟电子技术常规实验和设计性实验、数字电子技术常规实验和设计性实验、常用电子仿真软件的使用等。实验的编写以中文为主，为更好地配合本科生的双语教学，同时用英文编写了有关实验，书后配有相关的专业词汇（英汉对照）。

本书为高等院校电子电气专业和相关专业电子技术实验双语教学的教材，也可供相关工程技术人员参考。

图书在版编目(CIP)数据

电子技术实验汉英双语教程＝Chinese-English Bilingual Coursebook on Electronics Laboratory／任国燕，周红军主编. —北京：冶金工业出版社，2018.10

普通高等教育"十三五"规划教材
ISBN 978-7-5024-7859-9

Ⅰ.①电… Ⅱ.①任… ②周… Ⅲ.①电子技术—实验—双语教学—高等学校—教材—汉、英 Ⅳ.①TN-33

中国版本图书馆 CIP 数据核字（2018）第 194378 号

出 版 人　谭学余
地　　　址　北京市东城区嵩祝院北巷 39 号　邮编　100009　电话　(010)64027926
网　　　址　www.cnmip.com.cn　电子信箱　yjcbs@cnmip.com.cn
责任编辑　杨　敏　美术编辑　吕欣童　版式设计　孙跃红
责任校对　郭惠兰　责任印制　李玉山

ISBN 978-7-5024-7859-9

冶金工业出版社出版发行；各地新华书店经销；固安县京平诚乾印刷有限公司印刷
2018 年 10 月第 1 版，2018 年 10 月第 1 次印刷
787mm×1092mm　1/16；9 印张；215 千字；135 页
29.00 元

冶金工业出版社　投稿电话　(010)64027932　投稿信箱　tougao@cnmip.com.cn
冶金工业出版社营销中心　电话　(010)64044283　传真　(010)64027893
冶金书店　地址　北京市东四西大街 46 号(100010)　电话　(010)65289081(兼传真)
冶金工业出版社天猫旗舰店　yjgycbs.tmall.com

(本书如有印装质量问题，本社营销中心负责退换)

前　言

加强国际化人才培养是《国家中长期教育改革和发展规划纲要》对扩大教育开放提出的重要任务。教育规划纲要指出，教育要适应国家经济社会对外开放的要求，培养大批具有国际视野、通晓国际规则、能够参与国际事务和国际竞争的国际化人才。我国各工程类高等院校正在积极探索国际化人才工程实践能力的培养目标与方式方法。"电子技术"是各高校电气工程和计算机等专业的主要专业基础课程，该课程实践环节国际化的教学改革能够促进学生在专业课程学习中更深入地掌握本专业的国际先进知识，为今后继续深造打下坚实的基础。

目前已经有部分高校在该门课程的理论课实施双语教学，但是实践教学内容还是沿用中文授课的方式，没有英文实验授课教材，迫切需要一本适于双语实验教学的教材。本书正是为了适应这一教学需求而编写的，书中用中文和英文编写了有关电子技术实验，中文实验内容较详细，英文实验是以"workbook"的形式编写的，学生可以直接用来预习实验，编制实验报告。实验内容的编写由易到难，先是基础实验的编写，再是设计性综合性实验的编写，模拟电子技术实验强调运算放大器的综合应用及在实际工程中的应用，有助于学生加深对电子技术应用实验的认识。

本书共6章，由任国燕和周红军担任主编。其中第1章、第5章、第6章由任国燕编写，第2章第2.5节、第2.8节由杨君玲编写，第2章第2.6节由吴明芳编写，第2章第2.1节~第2.4节、第2.7节由任国燕编写，第3章由周红军编写，第4章第4.1节由聂玲编写，第4章第4.2节、第4.3节由任国燕编写，全书由任国燕统稿。在此，向参与本书编写的同事们表示感谢，并感谢重庆科技学院电子技术课程组的教师们，他们对书稿提出了许多中肯和建设性的建议。

在本书编写过程中参考了有关文献，在此向文献作者表示感谢。重庆市特色学科专业群建设项目为本书的出版提供了经费资助，在此也表示感谢。

由于编者水平有限，加之时间仓促，书中不足之处，敬请读者批评指正。

任国燕

2018 年 4 月

目 录

1 绪论 ·· 1
  1.1 常用电子仪器的使用 ·· 1
  1.2 实验须知 ·· 5
  1.3 常用元件 ·· 7
    1.3.1 电阻 ·· 7
    1.3.2 可变式电阻器 ·· 9
    1.3.3 电容器 ·· 9
    1.3.4 半导体二极管、三极管 ·· 11

2 模拟电子技术实验 ·· 14
  2.1 实验1 共射放大电路测试实验 ··· 14
  2.2 实验2 两级负反馈放大电路实验 ·· 19
  2.3 实验3 集成运算放大器及应用实验 ··· 22
  2.4 实验4 低频功率放大器实验 ·· 24
  2.5 实验5 稳压电源实验 ·· 27
  2.6 实验6 有源滤波器的设计实验 ··· 32
  2.7 实验7 信号调理电路设计实验 ··· 34
  2.8 实验8 函数发生器的设计实验 ··· 35

3 数字电子技术实验 ·· 40
  3.1 实验1 门电路实验 ··· 40
  3.2 实验2 常用组合逻辑电路实验 ··· 43
  3.3 实验3 触发器实验 ··· 48
  3.4 实验4 计数器实验 ··· 53
  3.5 实验5 555定时器应用实验 ··· 57
  3.6 实验6 三人多数表决电路的设计实验 ·· 63
  3.7 实验7 多路智力抢答装置的设计实验 ·· 64
  3.8 实验8 序列脉冲检测器的设计实验 ··· 66
  3.9 实验9 VHDL语言初步实验 ·· 67
  3.10 实验10 秒表电路设计实验 ·· 69

4 常用电子仿真软件介绍 ·· 72
  4.1 Multisim软件 ··· 72

4.1.1 Multisim 软件运行环境 …… 72
4.1.2 Multisim 仿真步骤 …… 72
4.1.3 仿真设计实例 …… 73
4.2 Max+plus II 软件 …… 76
4.2.1 安装步骤 …… 77
4.2.2 设计举例 …… 78
4.3 Quartus II 软件 …… 80
4.3.1 创建工程 …… 81
4.3.2 建立顶层文件 …… 82
4.3.3 仿真 …… 84

5 Analog Circuit Lab Workbook …… 88
Lab 1 Workbook …… 88
Lab 2 Workbook …… 91
Lab 3 Workbook …… 94
Lab 4 Workbook …… 97
Lab 5 Workbook …… 100
Lab 6 Workbook …… 103
Lab 7 Workbook …… 106

6 Digital Circuit Lab Workbook …… 109
Lab 1 Workbook …… 109
Lab 2 Workbook …… 113
Lab 3 Workbook …… 116
Lab 4 Workbook …… 119
Lab 5 Workbook …… 122
Lab 6 Workbook …… 125
Lab 7 Workbook …… 128

附录 专业词汇（英汉对照） …… 133

参考文献 …… 135

1 绪 论

(Introduction)

1.1 常用电子仪器的使用
(Using electronic test & measurement instruments)

在电子电路实验中，经常使用的电子仪器有示波器、函数信号发生器、直流稳压电源、交流毫伏表及频率计等。它们和万用电表一起，可以完成对电子电路的静态和动态工作情况的测试。

实验中要对各种电子仪器进行综合使用，可按照信号流向，以连线简捷、调节顺手、观察与读数方便等原则进行合理布局，各仪器与被测实验装置之间的布局与连接如图 1-1 所示。接线时应注意，为防止外界干扰，各仪器的公共接地端应连接在一起（称为共地）。信号源和交流毫伏表的引线通常用屏蔽线或专用电缆线，示波器接线使用专用电缆线，直流电源的接线用普通导线。

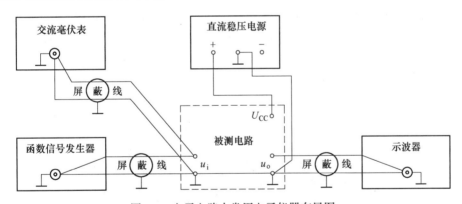

图 1-1 电子电路中常用电子仪器布局图

（1）示波器。示波器是一种用途很广的电子测量仪器，它既能直接显示电信号的波形，又能对电信号进行各种参数的测量。下面以 DS5000 数字存储示波器为例进行介绍。

DS5000 数字存储示波器向用户提供简单而功能明晰的前面板，以进行基本的操作。面板上包括旋钮和功能按键。旋钮的功能与其他示波器类似。显示屏右侧的一列 5 个灰色按键为菜单 操作键（自上而下定义为 1 号至 5 号））。通过它们，可以设置当前菜单的不同选项。其他按键（包括彩色按键）为功能键，通过它们，可以进入不同的功能菜单或直接获得特定的功能应用。

DS5000 数字存储示波器面板操作说明图如图 1-2 所示。

DS5000 数字存储示波器显示界面如图 1-3 所示，功能键的标识用一四方框包围的文

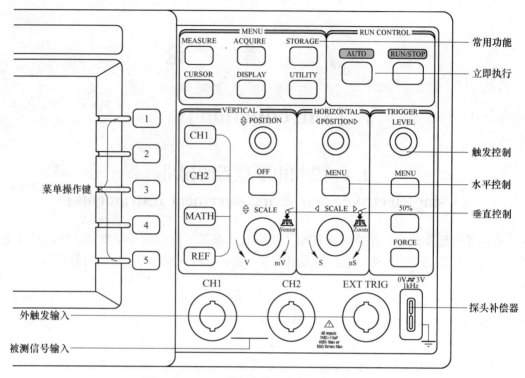

图 1-2　DS5000 数字存储示波器面板操作说明图

字所表示,如 MEASURE,代表前面板上的一个上方标注着 MEASURE 文字的灰色功能键。与其类似,菜单操作键的标识用带阴影的文字表示,如交流表示 MEASURE(自动测量)菜单中的耦合方式选项。

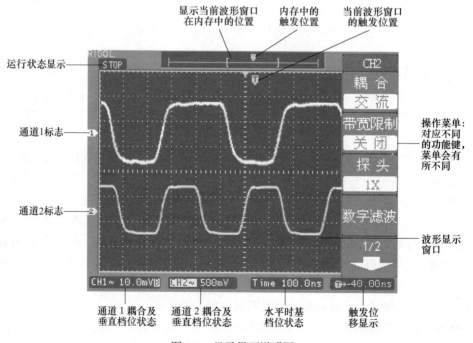

图 1-3　显示界面说明图

（2）函数信号发生器。TFG1905B 函数信号发生器前面板如图 1-4 所示。

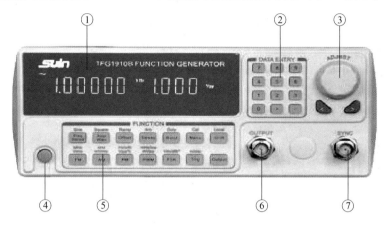

图 1-4　TFG1905B 函数信号发生器前面板
1—显示屏；2—输入键；3—调节旋钮；4—电源开关；5—功能键；6—波形输出；7—同步输出

1）仪器前面板上共有 28 个按键，各个按键的功能如下：

【0】【1】【2】【3】【4】【5】【6】【7】【8】【9】键：数字输入键。

【.】键：小数点输入键。

【−】键：负号输入键，在"偏移"选项时输入负号。在其他时候可以循环开启和关闭按键声响。

【<】键：光标闪烁位左移键，数字输入时退格删除键。

【>】键：光标闪烁位右移键。

【Freq】【Period】键：循环选择频率和周期，在校准功能时取消校准。

【Ampl】【Atten】键：循环选择幅度和衰减。

【Offset】键：选择偏移。

【FM】【AM】【PM】【PWM】【FSK】【Sweep】【Burst】键：分别选择和退出频率调制、幅度调制、相位调制、脉宽调制、频移键控、频率扫描和脉冲串功能。

【Trig】键：在频率扫描、FSK 调制和脉冲串功能时选择外部触发。

【Output】键：循环开通和关闭输出信号。

【Shift】键：选择上档键，在程控状态时返回键盘功能。

【Sine】【Square】【Ramp】键：上档键，分别选择正弦波、方波和锯齿波三种常用波形。

【Arb】键：上档键，使用波形序号选择 16 种波形。

【Duty】键：上档键，在方波时选择占空比，在锯齿波时选择对称度。

【Cal】键：上档键，选择参数校准功能。

2）单位键：下排六个键的上面标有单位字符，但并不是上档键，而是双功能键，直接按这六个键执行键面功能，如果在数据输入之后再按这六个键，可以选择数据的单位，同时作为数据输入的结束接通电源线，按动前面板左下部的电源开关键，即点亮液晶，按动任何键一次，则可进入频率设置菜单，整机开始工作。

【Menu】键：菜单键，在不同的功能时循环选择不同的选项，见表 1-1。

表 1-1 菜单键选择表

功能	菜单键选项
连续	波形相位、版本号
频率扫描	始点频率、终点频率、扫描时间、扫描模式
脉冲串	重复周期、脉冲计数、起始相位
频率调制	调制频率、调频频偏、调制波形
幅度调制	调制频率、调幅深度、调制波形
相位调制	调制频率、相位偏移、调制波形
脉宽调制	调制频率、调宽深度、调制波形
频移键控	跳变速率、跳变频率
校准	校准值：零点、偏移、幅度、频率、幅度平坦度

3）调节频率。例如，要输入信号的频率为 3.5kHz，则按键操作步骤为：【Freq】【3】【.】【5】【kHz】。

频率调节：按【<】或【>】键可移动光标闪烁位，左右转动旋钮可使光标闪烁位的数字增大或减小，并能连续进位或借位。光标向左移动可以粗调，光标向右移动可以细调。其他选项数据也都可以使用旋钮调节，后面不再重述。

4）调节幅度。如要设定幅度值为 1.5Vpp，则按键操作步骤为：【Ampl】【1】【.】【5】【Vpp】。

幅度值的输入和显示有两种格式：峰峰值格式和有效值格式。数字输入后按【Vpp】或【mVpp】可以输入幅度峰峰值，按【Vrms】或【mVrms】可以输入幅度有效值。幅度有效值只能在正弦波、方波和锯齿波三种常用波形时使用，在其他波形时只能使用幅度峰峰值。

注意：函数信号发生器作为信号源，它的输出端不允许短路。

5）输出波形选择仪器具有 16 种波形（见表 1-2），其中正弦波、方波、锯齿波三种常用波形，分别使用上档键【Shift】+【Sine】、【Shift】+【Square】和【Shift】+【Ramp】直接选择，并显示出相应的波形符号，其他波形的波形符号为"Arb"。全部 16 种波形都可以使用波形序号选择，按上档键【Shift】+【Arb】，用数字键或调节旋钮输入波形序号，即可以选中由序号指定的波形。

表 1-2 波形序号表

序号	波形	名称	序号	波形	名称
00	正弦波	Sine	08	限幅正弦波	Limit sine
01	方波	Square	09	指数函数	Exponent
02	锯齿波	Ramp	10	对数函数	Logarithm
03	正脉冲	Pos-pulse	11	正切函数	Tangent
04	负脉冲	Neg-pulse	12	Sine 函数	Sin (x) /x
05	阶梯波	Stair	13	半圆函数	Half round
06	噪声波	Noise	14	心电图波形	Cardiac
07	半正弦波	Half sine	15	振动波形	Quake

（3）交流毫伏表。交流毫伏表只能在其工作频率范围之内，用来测量正弦交流电压的有效值。本系列毫伏表采用单片机控制技术和液晶点阵技术，集模拟与数字技术于一体，是一种通用型智能化的全自动数字交流毫伏表。适用于测量频率 5Hz～2MHz，电压 0～300V 的正弦波有效值电压。具有测量精度高、测量速度快、输入阻抗高、频率影响误差小等优点。

（4）六位数显频率计。本频率计的测量频率范围为 1Hz 至 10MHz，最大峰峰值为 20V，有六位共阴极 LED 数码管予以显示，闸门时基 1s，灵敏度 35mV（1～500kHz）// 100mV（500kHz～10MHz）；测频精度为万分之二（10MHz）。

先开启电源开关，再开启频率计处分开关，频率计即进入待测状态。

1.2　实验须知（Requirements of labs）

（1）电子技术实验的性质与任务。随着社会发展及高等教育的需求，"电子技术"已成为高等学校电气、自动化、计算机、通信等专业必修的一门专业基础课。然而，要学习好"电子技术"这门课程，只掌握书本上的理论知识是不够的，还必须通过大量的实践才能够将理论与实践结合起来。

电子技术实验的任务是使学生获得高级技术人员所必须掌握的电子电路的实验基本知识和基本实践技能，并通过实验课的训练进一步培养学生的电子电路实践动手能力，培养学生理论联系实际的能力。使学生能根据实验结果，利用所学理论，通过分析找出内在联系，从而对电路参数进行调整，使之符合电路性能要求。在实验中培养学生独立认真思考的思维习惯和实事求是、严谨的科学作风。

熟练地掌握电子实验技术，无论是对从事电子技术领域工作的工程技术人员，还是对正在进行本课程学习的学生来说，都是极其重要的。通过实验手段，使学生获得电子技术方面的基本知识和基本技能，并运用所学理论来分析和解决实际问题，提高实际工作的能力。

电子技术实验可以分为以下三个层次：第一个层次是验证性实验，它主要是以电子元器件特性、参数和基本单元电路为主，根据实验目的、实验电路、仪器设备和较详细的实验步骤，来验证电子技术的有关理论，从而进一步巩固所学基本知识和基本理论。第二个层次是提高性实验，它主要是根据给定的实验电路，由学生自行选择测试仪器，拟定实验步骤，完成规定的电路性能指标测试任务。第三个层次是综合性和设计性实验，学生根据给定的实验题目、内容和要求，自行设计实验电路，选择合适的元器件并组装实验电路，拟定出调整、测试方案，最后使电路达到设计要求，这个层次的实验，可以培养学生综合运用所学知识解决实际问题的能力。

（2）电子技术实验的预习要求。

电子技术实验的内容广泛，每个实验的目的、步骤也有所不同，但基本过程却是类似的。为了达到每个实验的预期效果，要求参加实验者做到：

1）实验前的预习。为了避免盲目性，使实验过程有条不紊地进行，每个实验前都要做好以下几个方面的实验准备：

①阅读实验教材，列出实验目的、任务，了解实验内容及测试方法。

②根据要求选择器件及参数,确定电路结构,画出电路原理图。模拟电路要给出参数的计算过程,数字电路要给出设计过程。

③根据实验内容拟好实验步骤,选择测试方案。

④复习有关理论知识并掌握所用仪器的使用方法,认真完成所要求的电路设计、实验底板安装等任务。对实验中应记录的原始数据和待观察的波形,应先列表待用。

2)实验前的仿真。电子设计自动化(EDA)技术是以计算机为工作平台的智能化的现代电子设计技术,是当今电子设计工程师必须掌握的现代电子设计技术。一般来说,学生在做模拟电子技术实验之前,用美国国家仪器(National Instruments, NI)公司的 Multisim 软件对电路进行仿真,可以预先熟悉实验内容和实验过程,增加实验成功率,还可以与实际测得的真实数据比较,有助于分析实验中遇到的问题。该软件还可以仿真数字电子电路。此外,数字电子技术实验还可以用 Altera 公司的 Max+plusII 或 QuartusII 软件进行仿真。

(3)实验报告要求。实验报告需要包含以下内容:

1)实验需求分析;

2)实现方案论证;

3)设计推导过程;

4)电路设计与参数选择;

5)电路测试方法;

6)实验数据记录;

7)数据处理分析;

8)电路成本估算;

9)电路设计优化展望;

10)实验结果总结;

11)参考文献。

(4)考核要求与方法。

1)预习阶段:电路原理图及仿真文件检查;

2)实物验收:电路功能是否正确,电路测试结果是否符合设计要求;

3)排除故障能力考核:实际排故情况与提问方式相结合;

4)自主创新:功能构思、电路设计的创新性,自主思考与独立实践能力;

5)实验成本:是否充分利用实验室已有条件,材料与元器件选择合理性,成本核算与损耗;

6)实验数据:记录的实验波形正确与否;

7)实验报告:实验报告的规范性与完整性。

(5)实验成绩及相关因素。实验成绩占总评成绩的比例为30%,它由两部分组成:一是平时的基础实验;二是期末的实验考试成绩。

综合性、设计性实验要有完整的实验电路图、实验步骤,提交实验申请表进行预约后方可进行,对表现突出的同学可适当予以奖励。

实验考核分为基础性实验部分和设计型实验部分,学生可以根据自身情况选择相应的实验进行考试,其中基础性实验满分为100,设计型实验满分为110。

评分标准如下：

　　　　　电路设计正确　　　　　（20分）
　　　　　电路搭接正确　　　　　（30分）
　　　　　实验结果正确　　　　　（30分）
　　　　　正确使用仪器　　　　　（20分）

其中，"电路设计正确"要求根据题目要求自行设计实验电路和实验实施方案，制定合理的实验步骤；"电路搭接正确"20分包括正负电源线选择、地线接入（5分），信号输入输出线（5分），元件极性（5分），测试点位选择（5分），要求无原理性错误。"正确使用仪器"20分包括信号发生器的使用（10分）、示波器使用（10分），要求正确合适的档位选择。

考核操作中不规范要适当扣分，电源接反、烧坏电路按不通过处理。

1.3　常用元件（Commonly used components）

1.3.1　电阻

（1）直标法。将电阻的阻值和误差直接用数字和字母印在电阻上（无误差标示为允许误差±20%）。也有厂家采用习惯标记法，如：

3Ω3　Ⅰ　　表示电阻值为3.3Ω、允许误差为±5%

1K8　　　　表示电阻值为1.8kΩ、允许误差为±20%

5M1　Ⅱ　　表示电阻值为5.1MΩ、允许误差为±10%

（2）色标法。将不同颜色的色环涂在电阻器（或电容器）上来表示电阻（电容器）的标称值及允许误差种类，颜色所对应的数值见表1-3。

表1-3　电阻器色标符号意义

颜色	有效数字第一位数	有效数字第二位数	倍乘数	允许误差/%
棕	1	1	10^1	±1
红	2	2	10^2	±2
橙	3	3	10^3	
黄	4	4	10^4	
绿	5	5	10^5	±0.5
蓝	6	6	10^6	±0.2
紫	7	7	10^7	±0.1
灰	8	8	10^8	
白	9	9	10^9	
黑	0	0	10^0	
金	—	—	10^{-1}	±5
银	—	—	10^{-2}	±10
无色	—	—	—	±20

普通电阻用四条色环表示标称电阻值和允许偏差，即两位有效数字的色环标志法。靠近电阻端的第一道环表示阻值最大一位数字；第二道环表示电阻值的第二位数字；第三道环表示阻值末尾应有几个零；第四道环表示阻值的误差。

精密电阻常用五条色环表示标称电阻值和允许偏差，即三位有效数字的色环标志法。第一道环表示阻值最大一位数字；第二道环表示电阻值的第三位数字；第三道环表示电阻值的第三位数字；第四道环表示阻值末尾应有几个零；第五道环表示阻值的误差，如图1-5所示。

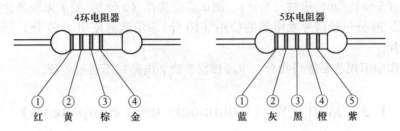

图 1-5 色环电阻示例图

（3）文字符号。例如 3M3K，3M3 表示 3.3 MΩ，K 表示允许偏差为±10%。允许偏差与字母的对应关系见表 1-4。

表 1-4 电阻（电容）器偏差标志符号表

允许偏差	标志符号	允许偏差	标志符号	允许偏差	标志符号
±0.001	E	±0.1	B	±10	K
±0.002	Z	±0.2	C	±20	M
±0.005	Y	±0.5	D	±30	N
±0.01	H	±1	F		
±0.02	U	±2	G		
±0.05	W	±5	J		

（4）用数码表示法。数码一般为三位数，前两位为电阻值的有效数字，第三位是倍乘数，单位是Ω。例：333 表示电阻值为 33kΩ。

（5）电阻的标称值。国家规定了一系列的阻值作为产品的标准。不同误差等级的电阻有不同数目的标称值。误差越小的电阻，标称值越多。标称值可以乘以 10、100、1000，比如 1.0 这个标称值，就有 1Ω、10Ω、100Ω、1kΩ、10kΩ、100kΩ。

允许误差如下：

标 称 阻 值 系 列

E24 系列：±5%

1.0 1.1 1.2 1.3 1.5 1.6 1.8 2.0 2.2 2.4 2.7 3.0

3.3 3.6 3.9 4.3 4.7 5.1 5.6 6.2 6.8 7.5 8.2 9.1

E12 系列：±10%

1.0 1.2 1.5 1.8 2.2 2.7 3.3 3.9 4.7 5.6 6.8 8.2
E6 系列：±20%
1.0 1.5 2.2 3.3 4.7 6.8

1.3.2 可变式电阻器

可变式电阻器一般称为电位器，从形状上分有圆柱形、长方体形等多种形状；从结构上分有直滑式、旋转式、带开关式、带紧锁装置式、多连式、多圈式、微调式和无接触式等多种形式；从材料上分有碳膜、合成膜、有机导电体、金属玻璃釉和合金电阻丝等多种电阻材料。碳膜电位器是较常用的一种。

电位器在旋转时，其相应的阻值依旋转角度而变化。

贴片可调电阻表面都有数字丝印，只要了解数字的含义就可以确定其阻值和精度，一般情况下，贴片可调电阻阻值误差分为±20%、±10%、±5%、±1%等各种精度，经常用到的或者说是用得较多的是±5%和±1%精度的，±5%精度的用三位数来表示，而±1%精度的用4位数来表示。如下：

（1）贴片可调电阻上印的103，前面2位数字10表示有效数字，第三位数字3表示倍率，也就是10的3次方，所以103的阻值应为10000Ω，也就是10kΩ，精度为5%。

（2）贴片可调电阻上印的1502，前三位数字150代表有效数字，第四位数字2表示倍率，也就是10的2次方，所以1502贴片可调电阻的阻值应为15000Ω，也就是15kΩ，其精度为1%。

（3）有种特殊情况，就是带字母R的，这种电阻表示其阻值带有小数，字母R所在的位置是小数点的位置，如R047，也就是0.047Ω的意思。

贴片可调电阻的常见问题：

（1）贴片可调电阻使用一段时间后，电路看起来完好无损，但是电路却无缘无故地失效，在绞尽脑汁都想不到是哪里出问题的时候，可以检查一下贴片可调电阻，很可能是它出了问题。

（2）长时间过功率：电阻温度极高，其阻值发生变化，如果在恶劣的条件下，就会烧毁开路。

以上问题，我们除了要保证采购的电阻在保质期内和仓库提供合适的保存环境以外，作为使用者，也尽可能少使用特殊阻值和电阻来减少这种风险。在使用之初，应不厌其烦的注意一些细节，这样就可以较大限度地减少事故发生的概率。

1.3.3 电容器

电容器也是组成电子电路的基本元件，在电路中所占比例仅次于电阻。利用电容器充电、放电和隔直流通交流的特性，在电路中用于隔断直流、耦合交流、旁路交流、滤波、定时和组成振荡电路等。电容器用符号C表示。

（1）电容器型号命名方法。其基本内容见表1-5。

表1-5中的规定对可变电容器和真空电容器不适用，对微调电容器仅适用于瓷介微调电容器。在某些电容器的型号中还用X表示小型，用M表示密封，也有的用序号来区分

电容器的形式、结构、外形尺寸等。

表1-5 电容器型号命名方法

第一部分:主称		第二部分:材料		第三部分:特征、分类					第四部分:序号
符号	意义	符号	意义	符号	意义				
					瓷介	云母	电解	玻璃	
C	电容器	C	瓷介	1	圆片	非密封	箔式	—	对主称、材料相同,仅性能指标、尺寸大小有区别,但基本不影响互换使用的产品,给同一序号;若性能指标、尺寸大小明显影响互换时,则在序号后面用大写字母作为区别代号
		Y	云母	2	管形	非密封	箔式	—	
		I	玻璃釉	3	叠片	密封	烧结固体	—	
		O	玻璃膜	4	独石	密封	烧结固体	—	
		Z	纸介	5	穿心				
		J	金属化纸	6	支柱				
		B	聚苯乙烯	7	—	—	无极性	—	
		L	涤纶	8	高压	高压			
		Q	漆膜	9	—		特殊	—	
		S	聚碳酸脂						
		H	复合介质						
		D	铝						
		A	钽						
		N	铌						
		G	合金						
		T	钛						
		E	其他						

(2) 电容器的单位。电容器的常用单位有微法（μF）、纳法（nF）和皮法（pF），它们与基本单位（F）的换算关系如下：

mF（毫法或简称为 m）= 10^{-3}F   μF（微法或简称为 μ）= 10^{-6}F
nF（纳法或简称为 n）= 10^{-9}F   pF（皮法或简称为 p）= 10^{-12}F

(3) 电容器的标示方法。国际电工委员会推荐的标示方法为：p、n、μ、m 表示法。具体方法有：

1) 用 2~4 位数字表示电容量有效数字，再用字母表示数值的量级，如

1p2   表示：1.2pF；   220n   表示：0.22μF
3μ3   表示：3.3μF；   2m2   表示：2200μF

2) 用数码表示，数码一般为三位数，前两位为电容量的有效数字，第三位是倍乘数，但第三位倍乘数是9时，表示×10^{-1}，如：

102 表示：10 × 10^2 = 1000pF
223 表示：22 × 10^3 = 0.022μF

474 表示：$47 \times 10^4 = 0.47 \mu F$

159 表示：$15 \times 10^{-1} = 1.5 pF$

（4）色标法。电容器色标法原则上与电阻器色标法相同，标志的颜色符号与电阻器采用的相同。其单位是皮法（pF）。电解电容器的工作电压有时也采用颜色标志：6.3V 用棕色，10V 用红色，16V 用灰色。色点应标在正极。

（5）电容器的主要参数有：

1）电容器的标称容量和偏差；

2）额定直流工作电压。

（6）电容器的主要种类有：纸介电容器、金属化纸介电容器、有机薄膜介质电容器、瓷介电容器、云母电容器、电解电容器。

1.3.4 半导体二极管、三极管

通常小功率锗二极管的正向电阻值为 300~500Ω，硅管为 1kΩ 或更大些。锗管反向电阻为几十千欧，硅管反向电阻在 500kΩ 以上（大功率二极管的数值要大得多）。正反向电阻差值越大越好。

点接触二极管的工作频率高，不能承受较高的电压和通过较大的电流，多用于检波、小电流整流或高频开关电路。面接触二极管的工作电流和能承受的功率都较大，但适用的频率较低，多用于整流、稳压、低频开关电路等方面。

选用整流二极管时，既要考虑正向电压，也要考虑反向饱和电流和最大反向电压。选用检波二极管时，要求工作频率高，正向电阻小，以保证较高的工作效率，特性曲线要好，避免引起过大的失真。

（1）用指针式万用表判别晶体管管脚和类型的原理及方法。判别管脚和类型时，使用万用表的电阻档测试。万用表电阻档等效电路如图 1-6 所示。其中 E_o 为表内电源电压，R_o 为等效电阻，不同电阻档等效内阻各不相同。

万用表处于 R×1、R×10、R×100、R×1k 档时，一般 $E_o = 1.5V$。万用表处于 R×10k 档时，该档电压为 $E_o = 15V$，采用该档测晶体管，易损坏管子。测试小功率晶体管时，一般选 R×100 档和 R×1k 档。

（2）用万用表判别二极管。等效图如图 1-6 所示。用黑表笔（电源正极）接二极管阳极，红表笔（电源负极）接二极管阴极时，二极管正向导通；反之，二极管反向截止。正向导通电阻约几百欧，反向电阻约几百千欧以上。阻值在这个范围内，说明管子是好的；如果正向和反向电阻均为无穷大，则表明二极管内部断开；如果正向和反向电阻均为零，说明二极管内部短路；如果正、反向电阻接近，则二极管性能严重恶化。

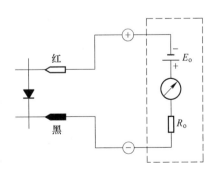

图 1-6　万用表电阻档等效电路

（3）用万用表判别三极管的管脚和类型。

1）先判别基极 B。三极管可等效为两个背靠背连接的二极管，如图 1-7 所示。

根据 PN 结单向导电原理：基—集、基—射结正向导通电阻均较小，反向电阻均较

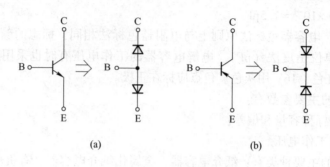

图 1-7 晶体三极管等效图
(a) NPN 型；(b) PNP 型

大，很容易把基极判别出来。现以 NPN 管为例加以说明。

测量时，先假设某一管脚为"基极 B"，用黑表笔接假设的"基极 B"，红表笔分别接其余两个管脚，如图 1-8 所示，若阻值均较小，再将黑红笔对调（即红笔接假设的基极），重复测量一次，若阻值均较大，则原先假设的基极是正确的，如果两次测得的阻值是一大一小，则假设的基极是错误的，这时应重新假设基极，重新测量。

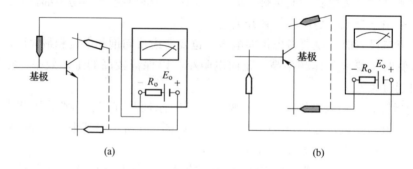

图 1-8 判别三极管基极和类型
(a) NPN 管；(b) PNP 管

2) 判别管子类型。由上面判别基极的结果，同时可知管子类型。如用黑笔（电池正极）接管子基极，红笔（电池负极）分别接其余两脚时，电阻值均较小，由 PN 结单向导电原理知道，基极是 P 区，集电极和发射极是 N 区，故为 NPN 管。反之，红笔接基极，黑笔分别接 C、E 极，电阻值均较小，则是 PNP 管。

3) 判别集电极 C。在已知基极 B 和管子类型的基础上，进而可判别集电极。由共射极单管放大原理可知，对 NPN 管而言，当集电极接电源正极，发射极接电源负极，若给基极提供一个合适的偏流时，三极管就处在放大导通状态，I_C 较大。

测量时，先假设一个管脚为集电极 C，用手指把基极和假设的集电极 C 捏紧，人体电阻相当于基极偏置电阻 R_B，注意不要使两管脚直接接触，用黑笔接 C，红笔接"E"，读出其阻值；然后再与上述假设相反测量一次，比较两次阻值大小，若第一次阻值小，则第一次假设的集电极是正确的，另一管脚就是发射极。测量电路如图 1-9 所示。

对 PNP 管，测试时只需将表笔对调即可，请读者自己分析。

1.3 常用元件 (Commonly used components)

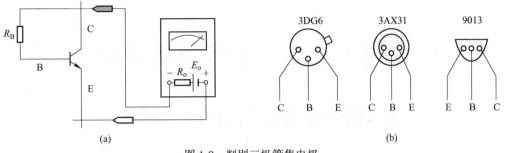

图 1-9 判别三极管集电极

2 模拟电子技术实验

(Anolog Electronics Labs)

2.1 实验1 共射放大电路测试实验
(Measuring a common-emitter amplifier)

A 实验目的

(1) 学会放大器静态工作点的调试方法，分析静态工作点对放大器性能的影响。

(2) 掌握放大器电压放大倍数、输入电阻、输出电阻及最大不失真输出电压的测试方法。

(3) 熟悉常用电子仪器及模拟电路实验设备的使用。

B 实验原理

图 2-1 为电阻分压式工作点稳定单管放大器实验电路图。它的偏置电路采用 R_{B1} 和 R_{B2} 组成的分压电路，并在发射极中接有电阻 R_E，以稳定放大器的静态工作点。当在放大器的输入端加入输入信号 $\dot{U}_i$ 后，在放大器的输出端便可得到一个与 $\dot{U}_i$ 相位相反、幅值被放大了的输出信号 $\dot{U}_o$，从而实现了电压放大。

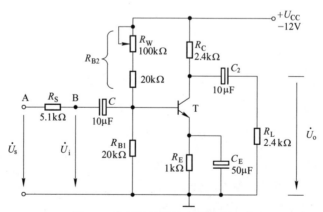

图 2-1 共射极单管放大器实验电路

放大器种类很多，本次实验采用带有发射极偏置电阻的分压偏置式共射放大电路 (见图 2-1)，使同学们能够掌握一般放大电路的基本测试与调整方法。放大器应先进行静态调试，然后进行动态调试。

(1) 静态工作点的估算与测量。当流过偏置电阻 R_{B1} 和 R_{B2} 的电流远大于晶体管的基极电流时

2.1 实验1 共射放大电路测试实验（Measuring a common-emitter amplifier）

$$U_{BQ} \approx \frac{R_{B1}}{R_{B1} + R_{B2}} U_{CC}$$

$$I_{EQ} = \frac{U_{BQ} - U_{BEQ}}{R_E} \approx I_{CQ}$$

$$U_{CEQ} = U_{CC} - I_{CQ}(R_C + R_E)$$

测量放大器的静态工作点，应在输入信号 $u_i = 0$ 的情况下进行，必要时将输入端对"地"交流短路，用直流电压表（一般采用万用表直流电压档）测量电路有关点的直流电位，并与理论估算值相比较。若偏差不大，则可调整电路有关电阻如 R_W，使之电位值达到所需值；若偏差太大或不正常，则应检查电路有无故障，测量有无错误等。

（2）放大器的动态指标估算与测试。放大器的动态指标包括电压放大倍数、输入电阻、输出电阻、最大不失真输出电压（动态范围）和通频带等。理论上，电压放大倍数 $\dot{A}_u = -\beta \frac{R_C \| R_L}{r_{be}}$，输入电阻 $R_i = R_{B1} // R_{B2} // r_{be}$，输出电阻 $R_o \approx R_C$。

1) 电压放大倍数的测量。调整放大器到合适的静态工作点，然后加入输入电压 u_i，在输出电压 u_o 不失真的情况下，用交流毫伏表测出 u_i 和 u_o 的有效值 U_i 和 U_o，则 $A_u = \frac{U_o}{U_i}$。

2) 输入电阻的测量。为了测量放大电路的输入电阻，按图 2-2 所示电路在被测放大器的输入端与信号源之间串入一已知电阻 R，在放大器正常工作的情况下，用交流毫伏表测出 U_i 和 U_s，则

$$R_i = \frac{U_i}{I_i} = \frac{U_i}{U_s - U_i} R$$

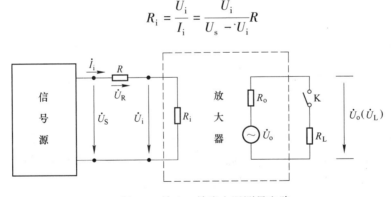

图 2-2 输入、输出电阻测量电路

3) 输出电阻的测量。按图 2-2 所示电路，在放大器正常工作条件下，测出输出端不接负载 R_L 的输出电压 U_o 和接入负载后的输出电压 U_L，因为 $U_L = \frac{R_L}{R_o + R_L} U_o$，所以可以求出 $R_o = \left(\frac{U_o}{U_L} - 1\right) R_L$。

4) 最大不失真输出电压的测量。由理论上可知，静态工作点在交流负载线的中点时，可以获得最大动态范围。因此，在放大器正常工作情况下，逐步增大输入信号的幅度，并同时调节 R_W，当用示波器观察输出波形出现双向限幅失真时，再减小输入信号幅度，使输出波形刚好不失真，则此时输出波形的峰峰值就是最大不失真输出电压 U_{opp}。

5)放大器幅频特性的测量。放大器的幅频特性是指放大器的电压放大倍数 A_u 与输入信号频率 f 之间的关系曲线。单管阻容耦合放大电路的幅频特性曲线如图 2-3 所示,A_{um} 为中频电压放大倍数,通常规定电压放大倍数随频率变化下降到中频放大倍数的 $1/\sqrt{2}$ 倍,即 $0.707A_{um}$ 所对应的频率分别称为下限频率 f_L 和上限频率 f_H,则通频带 $f_{BW}=f_H-f_L$。

用毫伏表或示波器监视,改变输入信号频率,保持输入信号 $U_i=$ 常数,分别测出相应的不失真的输出电压 U_o 值,并计算电压增益 $A_u=U_o/U_i$,即可得到被测网络的幅频特性。这种用逐点法测出的幅频特性通常称为静态幅频特性。

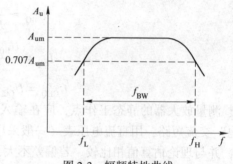

图 2-3 幅频特性曲线

C 实验设备与器件

(1)+12V 直流电源;

(2)函数信号发生器;

(3)双踪示波器;

(4)交流毫伏表;

(5)直流电压表;

(6)直流毫安表;

(7)频率计;

(8)万用电表;

(9)晶体三极管 3DG6×1($\beta=50\sim100$)或 9011×1(管脚排列如图 2-4 所示);

(10)电阻器、电容器若干。

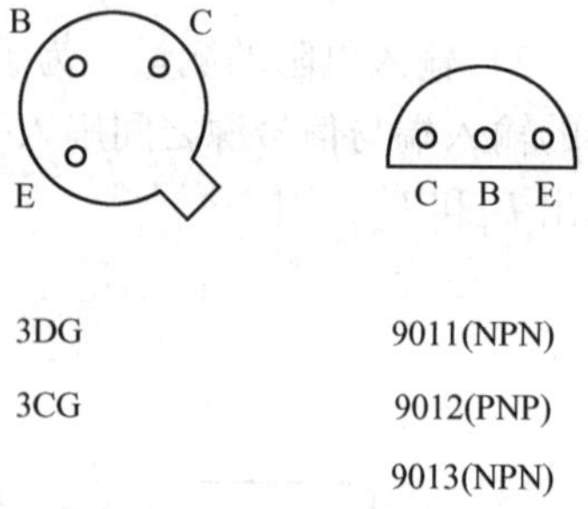

3DG 9011(NPN)
3CG 9012(PNP)
     9013(NPN)

图 2-4 晶体三极管管脚排列

D 实验内容与步骤

实验电路如图 2-1 所示。各电子仪器可按实验图 2-1 所示方式连接,为防止干扰,各仪器的公共端必须连在一起,同时信号源、交流毫伏表和示波器的引线应采用专用电缆线或屏蔽线,如使用屏蔽线,则屏蔽线的外包金属网应接在公共接地端上。

(1)调试静态工作点。接通直流电源前,先将 R_W 调至最大,函数信号发生器输出旋钮旋至零。接通+12V 电源、调节 R_W,使 $I_C=2.0$mA(即 $U_E=2.0$V),用直流电压表测量 U_B、U_E、U_C 值,记入表 2-1 中。

表 2-1 $I_C=2.0$mA

测量值			计算值		
U_B/V	U_E/V	U_C/V	U_{BE}/V	U_{CE}/V	I_C/mA

(2)测量电压放大倍数。在放大器输入端加入频率为 1kHz 的正弦信号 u_s,调节函数

2.1 实验1 共射放大电路测试实验（Measuring a common-emitter amplifier）

信号发生器的输出旋钮使放大器输入电压 $U_i \approx 10\text{mV}$，同时用示波器观察放大器输出电压 u_o 波形，在波形不失真的条件下用交流毫伏表测量下述两种情况下的 U_o 值，并用双踪示波器观察 u_o 和 u_i 的相位关系，记入表2-2中。

表 2-2 $I_C = 2.0\text{mA}$ $U_i = \quad$ mV

$R_C/\text{k}\Omega$	$R_L/\text{k}\Omega$	U_o/V	A_u	观察记录一组 u_o 和 u_i 波形	
2.4	∞				
2.4	2.4				

（3）观察静态工作点对电压放大倍数的影响。置 $R_C = 2.4\text{k}\Omega$，$R_L = \infty$，U_i 适量，调节 R_W，用示波器监视输出电压波形，在 u_o 不失真的条件下，测量数组 I_C 和 U_o 值，记入表2-3中。

表 2-3 $R_C = 2.4\text{k}\Omega$ $R_L = \infty$ $U_i = \quad$ mV

I_C/mA			2.0		
U_o/V					
A_u					

测量 I_C 时，要先将信号源输出旋钮旋至零（即使 $U_i = 0$）。

（4）观察静态工作点对输出波形失真的影响。置 $R_C = 2.4\text{k}\Omega$，$R_L = 2.4\text{k}\Omega$，$u_i = 0$，调节 R_W 使 $I_C = 2.0\text{mA}$，测出 U_{CE} 值，再逐步加大输入信号，使输出电压 u_o 足够大但不失真。然后保持输入信号不变，分别增大和减小 R_W，使波形出现失真，绘出 u_o 的波形，并测出失真情况下的 I_C 和 U_{CE} 值，记入表2-4中。每次测 I_C 和 U_{CE} 值时都要将信号源的输出旋钮旋至零。

表 2-4 $R_C = 2.4\text{k}\Omega$ $R_L = \infty$ $U_i = \quad$ mV

I_C/mA	U_{CE}/V	u_o 波形	失真情况	管子工作状态
2.0				

续表2-4

I_C/mA	U_{CE}/V	u_o波形	失真情况	管子工作状态

(5) 测量最大不失真输出电压。置 $R_C=2.4\text{k}\Omega$，$R_L=2.4\text{k}\Omega$，按照实验原理中所述方法，若要测得该电路的最大不失真输出幅度，首先应增加输入信号，使 U_o 出现失真，然后调节 R_W 使失真消失；再增加输入信号的幅值，重复上一步，直到 U_o 的波形对称失真，再共同调节输入信号幅度和 R_W 使对称失真同时消失，此时的 U_o 即为最大不失真的输出幅度。用示波器和交流毫伏表测量 U_{opp} 及 U_o 值，记入表2-5中。

表2-5　　　　　　　　　　　　　　　　　$R_C=2.4\text{k}\Omega$　$R_L=2.4\text{k}\Omega$

I_C/mA	U_{im}/mV	U_{om}/V	U_{opp}/V

(6) 测量输入电阻和输出电阻*。置 $R_C=2.4\text{k}\Omega$，$R_L=2.4\text{k}\Omega$，$I_C=2.0\text{mA}$。输入 $f=1\text{kHz}$ 的正弦信号，在输出电压 u_o 不失真的情况下，用交流毫伏表测出 U_s，U_i 和 U_L 记入表2-6中。

保持 U_s 不变，断开 R_L，测量输出电压 U_o，记入表2-6中。

表2-6　　　　　$I_C=2.0\text{mA}$　$R_C=2.4\text{k}\Omega$　$R_L=2.4\text{k}\Omega$

U_s/mV	U_i/mV	R_i/kΩ		U_L/V	U_o/V	R_o/kΩ	
		测量值	计算值			测量值	计算值

(7) 测量幅频特性曲线*。取 $I_C=2.0\text{mA}$，$R_C=2.4\text{k}\Omega$，$R_L=2.4\text{k}\Omega$。保持输入信号 u_i 的幅度不变，改变信号源频率 f，逐点测出相应的输出电压 U_o，记入表2-7中。

表2-7　　　　　　　　　　　　　　　　　　　　　　$U_i=$　　mV

	f_L	f_o	f_H
f/kHz			
U_o/V			
$A_u=U_o/U_i$			

为了信号源频率 f 取值合适，可先粗测一下，找出中频范围，然后再仔细读数。

说明：本实验内容较多，带*号的为选做内容。

E　预习要求

阅读教材中有关单管放大电路的内容并估算实验电路的性能指标。

假设：3DG6 的 $\beta=100$，$R_{B1}=20\text{k}\Omega$，$R_{B2}=60\text{k}\Omega$，$R_C=2.4\text{k}\Omega$，$R_L=2.4\text{k}\Omega$。

F 注意事项

(1) 在测试 R_o 中应注意,必须保持 R_L 接入前后输入信号的大小不变。

(2) 测量幅频特性时应注意取点要恰当,在低频段与高频段应多测几点,在中频段可以少测几点。此外,在改变频率时,要保持输入信号的幅度不变,且输出波形不得失真。

(3) 在测量输入电阻时,由于增加了 R,原来不振荡的电路有可能产生振荡,因此不要因为测量输入端的信号就不监视输出信号的波形。在测量输出电阻时,负载的变化也有可能使信号失真。因此,切忌盲目地用毫伏表读数而不管信号的波形是否失真。

G 思考题

(1) 改变静态工作点对放大器的输入电阻 R_i 是否有影响?改变外接电阻 R_L 对输出电阻 R_o 是否有影响?

(2) 当调节偏置电阻 R_{B2},使放大器输出波形出现饱和或截止失真时,晶体管的管压降 U_{CE} 怎样变化?

H 实验报告要求

(1) 列表整理测量结果,并把实测的静态工作点、电压放大倍数、输入电阻、输出电阻之值与理论计算值比较(取一组数据进行比较),分析产生误差原因。

(2) 总结 R_C、R_L 及静态工作点对放大器电压放大倍数、输入电阻、输出电阻的影响。

(3) 讨论静态工作点变化对放大器输出波形的影响。

(4) 分析讨论在调试过程中出现的问题。

2.2 实验 2 两级负反馈放大电路实验
(Measuring a cascaded feedback amplifier)

A 实验目的

(1) 研究电压串联负反馈对放大电路性能的改善。

(2) 熟悉放大电路各项技术指标的测试方法。

B 实验原理

由于晶体管的参数会随着环境温度改变而改变,不仅放大器的工作点、放大倍数不稳定,还存在失真、干扰等问题。为了改善放大器的这些性能,常常在放大器中加入反馈环节。本次实验电路如图 2-5 所示,当 A 和 A′ 相连时,电路构成级间电压串联负反馈。根据理论可知,这种负反馈会降低放大器的增益,但是能够提高放大器增益的稳定性,可以扩展放大器的通频带,还能够提高放大器输入阻抗,减小输出阻抗。

主要性能指标如下:

(1) 闭环电压放大倍数

$$A_{uf} = \frac{A_u}{1 + A_u F_u}$$

式中 A_u——基本放大器(无反馈)的电压放大倍数,即开环电压放大倍数,$A_u =$

U_o / U_i。

$1 + A_u F_u$——反馈深度,它的大小决定了负反馈对放大器性能改善的程度。

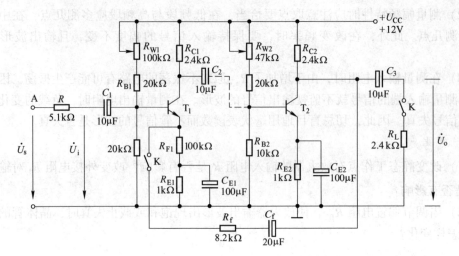

图 2-5 带有电压串联负反馈的两级阻容耦合放大器

(2) 反馈系数

$$F_u = \frac{R_{F1}}{R_f + R_{F1}}$$

(3) 输入电阻

$$R_{if} = (1 + A_u F_u) R_i$$

式中　R_i——基本放大器的输入电阻。

(4) 输出电阻

$$R_{of} = \frac{R_o}{1 + A_{uo} F_u}$$

式中　R_o——基本放大器的输出电阻;

　　　A_{uo}——基本放大器 $R_L = \infty$ 时的电压放大倍数。

C　实验设备与器件

(1) +12V 直流电源;
(2) 函数信号发生器;
(3) 双踪示波器;
(4) 频率计;
(5) 交流毫伏表;
(6) 直流电压表;
(7) 晶体三极管 3DG6×2 ($\beta = 50 \sim 100$) 或 9011×2;
(8) 电阻器、电容器若干。

D　实验内容和步骤

1. 调整静态工作点

按图 2-5 连接电路,令放大器处于闭环工作状态。使 $U_i = 0$,接通直流电源,调整

2.2 实验2 两级负反馈放大电路实验（Measuring a cascaded feedback amplifier）

R_{W1}和R_{B3}使$U_{C1} \approx 8V$，$U_{C2} \approx 6V$，测量各级静态工作点，填入表2-8中。

表2-8 负反馈放大电路静态工作点

U_{B1}/V	U_{E1}/V	U_{C1}/V	U_{BE1}/V	U_{CE1}/V	U_{B2}/V	U_{E2}/V	U_{C2}/V	U_{BE2}/V	U_{CE2}/V

2. 观察负反馈对放大倍数的影响

在输入端加入频率为1kHz，有效值为5mV的正弦波信号，分别测量电路在开环与闭环情况下的输出电压，同时用示波器观察输出波形。计算出电压放大倍数填入表2-9中，注意输出波形是否失真，若失真，可以减小U_i。

表2-9 负反馈对放大倍数的影响

工作方式	负载	U_i/mV	U_o/V	A_u
开环	$R_L = \infty$			
	$R_L = 2.4k\Omega$			
闭环	$R_L = \infty$			
	$R_L = 2.4k\Omega$			

3. 观察负反馈对波形失真的影响

将图2-5电路开环，逐渐加大U_i的幅度，用示波器观察输出信号，当波形刚失真时，记下U_i的大小。再将2-5电路闭环，逐渐加大U_i的幅度，用示波器观察输出信号，当波形刚失真时，记下U_i的大小，将两次结果相比较，得到正确的实验结论。

4. 观察负反馈对输入阻抗和输出阻抗的影响

测试方法同上一个实验，分别测量电路在开环和闭环两种情况下的输入电阻和输出电阻，将数据填入表2-10中。

表2-10 负反馈对输入阻抗和输出阻抗的影响

R_i/kΩ	R_o/kΩ	R_{if}/kΩ	R_{of}/kΩ

5. 观察负反馈对通频带的影响

分别测量电路在开环和闭环两种情况下的幅频特性，画出幅频特性曲线，并比较两种情况下的带宽有什么不同。

E 预习要求

（1）复习教材中有关负反馈放大器的内容。

（2）按实验电路图2-5估算放大器的静态工作点（取$\beta_1 = \beta_2 = 100$）。

F 注意事项

测量电压放大倍数时一定要监测输出波形是否失真。

G 思考题

（1）如输入信号存在失真，能否用负反馈来改善？

(2) 怎样判断放大器是否存在自激振荡，如何进行消振？
(3) 如按深负反馈估算，则闭环电压放大倍数 A_{uf} 等于多少，和测量值是否一致，为什么？

H 实验报告要求

(1) 将基本放大器和负反馈放大器动态参数的实测值和理论估算值列表进行比较。
(2) 根据实验结果，总结电压串联负反馈对放大器性能的影响。

2.3 实验3 集成运算放大器及应用实验
（Operational amplifiers and applications）

A 实验目的

(1) 研究由集成运算放大器组成的比例、加法、减法和积分等基本运算电路的功能。
(2) 了解运算放大器在实际应用时应考虑的一些问题。

B 实验原理

运算放大器是具有两个输入端、一个输出端的高增益、高输入阻抗的多级直接耦合放大电路。在它的输出端和输入端之间加上反馈网络，则可实现不同的电路功能。本实验采用的集成运放型号为 μA741，引脚排列如图 2-6 所示。它是八脚双列直插式组件。图中 2 为反相输入端，即当同相输入端接地，信号加到反相输入端，则输出信号与输入信号极性相反；3 为同相输入端，即当反相输入端接地，信号加到同相输入端，则输出信号与输入信号

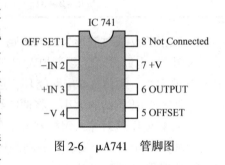

图 2-6 μA741 管脚图

极性相同；4 为负电源端，7 为正电源端；6 为输出端；1 和 5 为外接调零电位器的两个端子；8 为空脚。

(1) 调零及消振。集成运放在作运算使用前，应短路输入端，调节调零电位器，使输出电压为零。调零时应注意：必须在闭环条件下进行且输出端应用小量程电压档，例如用万用表 1V 档来测量输出电压。运放如不能调零，应检查电路接线是否正确，如输入端是否短接或输入不良，电路有没有闭环等。若经检查接线正确、可靠且仍不能调零，则可怀疑集成运放损坏或质量不好。由于运算放大器内部晶体管的极间电容和其他寄生参数的影响，很容易产生自激振荡，破坏正常工作。因此，在使用时要注意消振。通常是外接 RC 消振电路或消振电容。目前大多数集成运放内部电路已设置消振的补偿网络，如 μA741、OP-07D 等。

(2) 反相比例运算电路。电路如图 2-7 所示，该电路的输出和输入电压之间的关系为

$$u_O = -\frac{R_F}{R_1} u_I$$

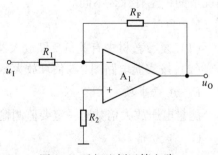

图 2-7 反相比例运算电路

2.3 实验3 集成运算放大器及应用实验（Operational amplifiers and applications）

（3）同相比例运算电路。电路如图2-8所示，该电路的输出和输入电压之间的关系为

$$u_O = \left(1 + \frac{R_F}{R_1}\right)u_I \quad R_2 = R_1 /\!/ R_F$$

（4）差动放大电路。电路如图2-9所示，该电路的输出和输入电压之间的关系为当 $R_1 = R_2$，$R_3 = R_F$ 时，有如下关系式

$$u_O = \frac{R_F}{R_1}(u_{I2} - u_{I1})$$

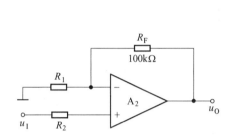

图2-8 同相比例运算电路

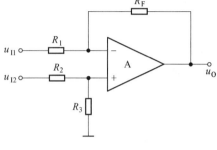

图2-9 差动放大电路

（5）积分运算电路。积分电路主要用于波形变换、放大电路失调电压的消除及反馈控制中的积分补偿等场合。如图2-10所示，假设初始时刻电容两端的电压为零。该电路的输出和输入电压之间的关系为

$$u_O = -u_C = -\frac{1}{C_F}\int i_f \mathrm{d}t = -\frac{1}{R_1 C_F}\int u_I \mathrm{d}t$$

当输入信号为阶跃电压时，则 $u_O = -\dfrac{u_I}{R_1 C_F}t$。

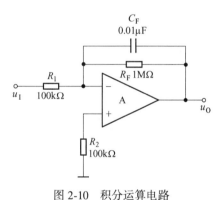

图2-10 积分运算电路

C 实验设备

（1）±12V 直流电源；
（2）函数信号发生器；
（3）交流毫伏表；
（4）直流电压表；
（5）集成运算放大器 μA741×1；
（6）电阻器、电容器若干。

D 实验内容与步骤

（1）设计电路，能够实现反相比例运算（$U_O = -10U_I$）。
（2）设计电路，实现同相比例运算（$U_O = 11U_I$）。
（3）设计电路，使之实现两信号的减法运算（$U_O = 10(U_{I2} - U_{I1})$）。
（4）用积分电路将方波转换为三角波。
要求：设计实验电路并且自拟实验步骤和表格，将实验数据和波形记录下来。

E　预习要求

(1) 复习教材中有关集成运放的线性应用部分。

(2) 拟定实验任务所要求的各个运算电路，列出各电路的运算表达式。

(3) 拟定每项实验任务的测试步骤，选定输入测试信号的类型（直流或交流）、幅度和频率范围。

(4) 拟定实验中所需仪器和元件。

(5) 设计记录实验数据所需的表格。

F　注意事项

(1) 为了提高运算精度，首先应对输出直流电位进行调零，即保证在零输入时运放输出为零。

(2) 输入信号采用交流或直流均可，但在选取信号的频率和幅度时，应考虑运放的频率响应和输出幅度的限制。

(3) 为防止出现自激振荡，应用示波器监视输出电压波形。

G　思考题

(1) 若输入信号与集成运放的同相端相连，当信号正向增大时，运放的输出是正还是负？若输入信号与运放的反相端相连，当信号负向增大时，运放的输出是正还是负？

(2) 在积分电路中，如 $R_1 = 100\text{k}\Omega$，$C_F = 4.7\mu\text{F}$，求时间常数是多少？假设 $U_I = 0.5\text{V}$，问要使输出电压 U_O 达到 5V，需多长时间（设 $u_{C(0)} = 0$）？

(3) 为了不损坏集成块，实验中应注意什么问题？

H　实验报告要求

(1) 整理实验数据，画出波形图（注意波形间的相位关系）。

(2) 将理论计算结果和实测数据相比较，分析产生误差的原因。

2.4　实验 4　低频功率放大器实验
(Low frequency power amplifier)

A　实验目的

(1) 了解功率放大集成块的应用；

(2) 学习集成功率放大器基本技术指标的测试。

B　实验原理

功率放大电路是一种以输出较大功率为目的的放大电路。集成功率放大器由集成功放块和一些外部阻容元件构成。它具有线路简单、性能优越、工作可靠、调试方便等优点，已经成为在音频领域中应用十分广泛的功率放大器。

集成功放通常包括前置级、推动级和功率级等几部分。有些还具有一些特殊功能（消除噪声、短路保护等）的电路。其电压增益较高（不加负反馈时，电压增益达 70～80dB，加典型负反馈时电压增益在 40dB 以上）。

集成功放块的种类很多，本实验采用的集成功放块型号为 LM386，它是甲乙类功率放

2.4 实验4 低频功率放大器实验（Low frequency power amplifier）

大电路芯片，应用广泛。图 2-11 所示为 LM386 的引脚图。

电路中，1、8 脚为增益设定端，改变 1、8 脚间元件参数可改变电路增益。1、8 脚开路时，增益为 20，若 1、8 脚之间接入 10μF 电容，它会旁路内部电阻，增益会增加为 200。表 2-11 是 LM386 的极限参数，使用时应注意。表 2-12 是 LM386 的典型电气参数。

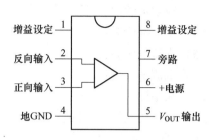

图 2-11 LM386 外形及管脚排列图

表 2-11 LM386 极限参数

参数	符号与单位	额定值
最大电源电压	U_{CCmax}/V	15
允许功耗	P_O/W	1.25
工作温度	$T_{Opr}/℃$	0~+70

表 2-12 LM386 电气参数

参数	符号与单位	测试条件	典型值
工作电压	U_{CC}/V		9
静态电流	I_{CCQ}/mA	$U_{CC}=6V$，$U_i=0$	15
开环电压增益	A_{uo}/dB		26
输出功率	P_O/mW	$U_{CC}=6V$，$R_L=8\Omega$	325
输入阻抗	$R_i/k\Omega$		50

集成功率放大器 LM386 的应用电路如图 2-12 所示，该电路中各电容和电阻的作用简要说明如下：

C_2、R_2 为反馈元件，决定电路的闭环增益。接入 10μF 电容时，$A_{uf}=200$（46dB），不接入 10μF 电容，$A_{uf}=20$（26dB），调整 R_2 可使电压放大倍数在 20~200 连续可调，R_2 越大，放大倍数越小，当 $R_2=1.2k\Omega$ 时，$A_{uf}=50$，C_1 为退耦电容。C_4 为消振电容，消除寄生振荡。P_1 为音量调节电阻。

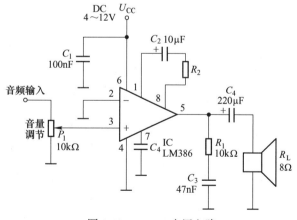

图 2-12 LM386 应用电路

C 实验设备

(1) +9V 直流电源；

(2) 函数信号发生器；

(3) 双踪示波器；

(4) 交流毫伏表；

(5) 直流电压表；

(6) 电流毫安表；

(7) 频率计；

(8) 集成功放块 LM386；

(9) 8Ω 扬声器；

(10) 电阻器、电容器若干。

D 实验内容与步骤

按图 2-12 连接实验电路，输入端接函数信号发生器，输出端接扬声器。

（1）静态测试。调节电位器 P1 使输入端对地短路，用示波器观察输出有无自激振荡现象，如有自激则改变 C_3、R_1 的数值。接通 +9V 直流电源，测量静态总电流及集成块各引脚对地电压，记入自拟表格中，正常情况下输出脚直流电压约为 $U_{CC}/2$。

（2）动态测试。

1）最大输出功率。

①断开 1、8 脚连接元件。输入端接 1kHz 正弦信号，输出端用示波器观察输出电压波形，逐渐加大输入信号幅度，使输出电压为最大不失真输出，用交流毫伏表测量此时的输出电压 U_{om}，则最大输出功率

$$P_{om} = \frac{U_{om}^2}{R_L}$$

②1、8 脚接入 C_2 10μF 电容、R_2 1.2kΩ 电阻。重复①的测试内容，测量和计算结果填入自拟表格。

③1、8 脚只接入 C_2 10μF 电容。重复①的测试内容，测量和计算结果填入自拟表格。

2）频率响应。1、8 脚接入 C_2 10μF 电容、R_2 1.2kΩ 电阻。用前面已经测量输入信号频率为 1kHz 的输入输出电压数据计算出 U_{CC} 为 9V 时的电压放大倍数 A_{uo}，保持输入信号 u_i 的幅度不变，改变信号源频率 f，测量 $A_u = 0.707 A_{uo}$ 时对应的输入上限和下限频率记入自拟表格。

（3）试听。

E 预习要求

（1）复习有关集成功率放大器的内容。

（2）如何由 +12V 直流电源获得 +9V 直流电源？

F 注意事项

（1）电源电压不允许超过极限值，不允许极性接反，否则集成块将遭损坏。

（2）电路工作时绝对避免负载短路，否则将烧毁集成块。

（3）接通电源后，时刻注意集成块的温度，有时，未加输入信号集成块就发热过甚，同时直流毫安表指示出较大电流及示波器显示出幅度较大、频率较高的波形，说明电路有自激振荡现象，应立即关机，然后进行故障分析及处理。待自激振荡消除后，才能重新进行实验。

（4）输入信号不要过大。

G　思考题

（1）若将电容 C_7 除去，将会出现什么现象？

（2）能否通过改变电路中的反馈量来改变输出功率？

H　实验总结

（1）整理实验数据，并进行分析。

（2）画频率响应曲线，标出上、下限频率和增益。

（3）讨论实验中发生的问题及解决办法。

2.5　实验5　稳压电源实验
（Regulated power supply）

A　实验目的

（1）研究集成稳压器的特点和性能指标的测试方法。

（2）了解集成稳压器扩展性能的方法。

B　实验原理

随着半导体工艺的发展，稳压电路也制成了集成器件。由于集成稳压器具有体积小、外接线路简单、使用方便、工作可靠和通用性好等优点，因此在各种电子设备中应用十分普遍，基本上取代了由分立元件构成的稳压电路。集成稳压器的种类很多，应根据设备对直流电源的要求来进行选择。对于大多数电子仪器、设备和电子电路来说，通常是选用串联线性集成稳压器。而在这种类型的器件中，又以三端式稳压器应用最为广泛。

W7800、W7900系列三端式集成稳压器的输出电压是固定的，在使用中不能进行调整。W7800系列三端式稳压器输出正极性电压，一般有5V、6V、9V、12V、15V、18V、24V七个档次，输出电流最大可达1.5A（加散热片）。同类型78M系列稳压器的输出电流为0.5A，78L系列稳压器的输出电流为0.1A。若要求负极性输出电压，则可选用W79XX系列稳压器。

图2-13为W78XX系列的外形和接线图。

它有三个引出端：

输入端（不稳定电压输入端）　　　标以"1"

输出端（稳定电压输出端）　　　　标以"2"

公共端　　　　　　　　　　　　　标以"3"

除固定输出三端稳压器外，尚有可调式三端稳压器，后者可通过外接元件对输出电压进行调整，以适应不同的需要。

本实验所用集成稳压器为三端固定正稳压器W7805，它的主要参数有：输出直流电压 U_O = +5V，输出电流 L：0.1A，M：0.5A，电压调整率 10mV/V，输出电阻 R_o = 0.15Ω，输入电压 U_I 的范围 8~10V。因为一般 U_I 要比 U_O 大 3~5V，才能保证集成稳压器工作在线性区。

图2-14是用三端式稳压器W7805构成的单电源电压输出串联型稳压电源的实验电路

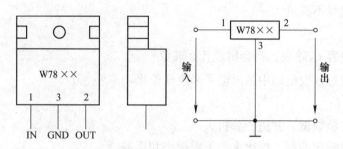

图 2-13　W78XX 系列外形及接线图

图。其中整流部分采用了由四个二极管组成的桥式整流器成品（又称桥堆），型号为 2W06（或 KBP306），内部接线和外部管脚引线如图 2-15 所示。滤波电容 C_1、C_2 一般选取几百至几千微法。当稳压器距离整流滤波电路比较远时，在输入端必须接入电容器 C_3（数值为 $0.33\mu F$），以抵消线路的电感效应，防止产生自激振荡。输出端电容 C_4（$0.1\mu F$）用以滤除输出端的高频信号，改善电路的暂态响应。

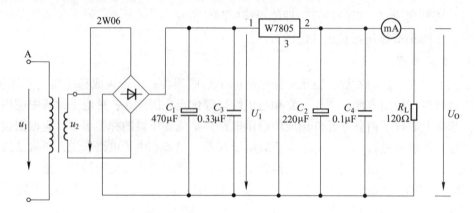

图 2-14　由 W7805 构成的串联型稳压电源

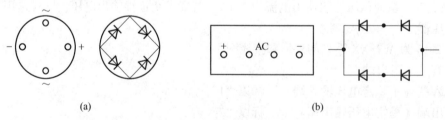

图 2-15　桥堆管脚图
(a) 圆桥 2W06；(b) 排桥 KBP306

图 2-16 为正、负双电压输出电路，例如需要 $U_{O1}=+5V$，$U_{O2}=-5V$，则可选用 W7805 和 W7905 三端稳压器，这时的 U_1 应为单电压输出时的两倍。

当集成稳压器本身的输出电压或输出电流不能满足要求时，可通过外接电路来进行性能扩展。图 2-17 是一种简单的输出电压扩展电路。如 W7805 稳压器的 2、3 端间输出电压为 5V，因此只要适当选择 R 的值，使稳压管 D_W 工作在稳压区，则输出电压 $U_O=5+U_Z$，可以高于稳压器本身的输出电压。

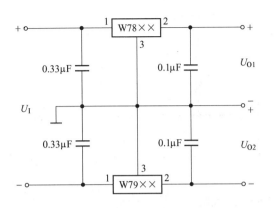
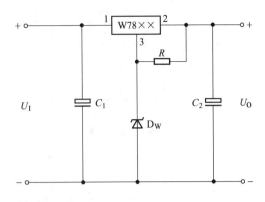

图 2-16 正、负双电压输出电路　　　　图 2-17 输出电压扩展电路

图 2-18 是通过外接晶体管 T 及电阻 R_1 来进行电流扩展的电路。电阻 R_1 的阻值由外接晶体管的发射结导通电压 U_{BE}、三端式稳压器的输入电流 I_i（近似等于三端稳压器的输出电流 I_{O1}）和 T 的基极电流 I_B 来决定，即

$$R_1 = \frac{U_{BE}}{I_R} = \frac{U_{BE}}{I_I - I_B} = \frac{U_{BE}}{I_{O1} - \dfrac{I_C}{\beta}}$$

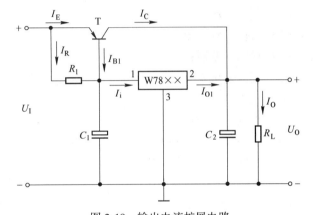

式中，I_C 为晶体管 T 的集电极电流，它应等于 $I_O - I_{O1}$；β 为 T 的电流放大系数；对于锗管 U_{BE} 可按 0.3V 估算，对于硅管 U_{BE} 按 0.7V 估算。

图 2-18 输出电流扩展电路

图 2-19 为 W79××系列（输出负电压）外形及接线图。

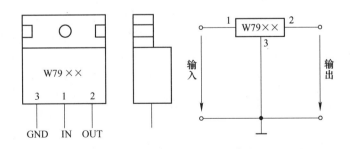

图 2-19 W79××系列外形及接线图

图 2-20 为可调输出正三端稳压器 W317 外形及接线图。

输出电压计算公式　　　　$U_O \approx 1.25(1 + \dfrac{R_2}{R_1})$

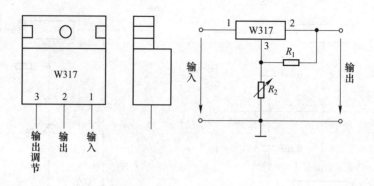

图 2-20　W317 外形及接线图

最大输入电压　　　　　　　$U_{Im} = 40V$

输出电压范围　　　　　　　$U_O = 1.2 \sim 37$

C　实验设备

（1）可调工频电源；

（2）双踪示波器；

（3）交流毫伏表；

（4）直流电压表；

（5）直流毫安表；

（6）三端稳压器 W7805、W7815、W7915、W317；

（7）桥堆 2W06（或 KBP306）；

（8）电阻器、电容器若干。

D　实验内容与步骤

1. 整流滤波电路测试

按图 2-21 连接实验电路，取可调工频电源 10V 电压作为整流电路输入电压 u_2。接通工频电源，测量输出端直流电压 U_L，用示波器观察 u_2、u_L 的波形，把数据及波形记入表 2-13 中。

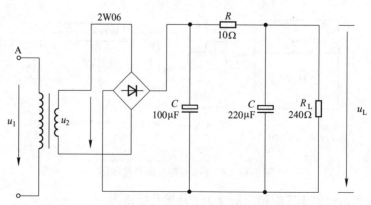

图 2-21　整流滤波电路

2.5 实验 5 稳压电源实验（Regulated power supply）

表 2-13 $U_2 = 10V$

电路形式		U_2/V	U_L/V	u_L 波形
$R_L = 240\Omega$				
$R_L = 240\Omega$ $C = 470\mu F$				
$R_L = 120\Omega$ $C = 470\mu F$				

2. 集成稳压器性能测试

断开工频电源，按图 2-14 改接实验电路，取负载电阻 $R_L = 120\Omega$。

（1）初测。接通工频 6V 电源，测量 U_2 值；测量滤波电路输出电压 U_I（稳压器输入电压），集成稳压器输出电压 U_O，它们的数值应与理论值大致符合，否则说明电路出了故障。设法查找故障并加以排除。电路经初测进入正常工作状态后，才能进行各项指标的测试。

（2）各项性能指标测试。

1）输出电压 U_O 和最大输出电流 I_{Omax} 的测量。在输出端接负载电阻 $R_L = 120\Omega$，由于 7805 输出电压 $U_O = 5V$，因此流过 R_L 的电流 $I_{Omax} = \dfrac{5}{120} = 40mA$。这时 U_O 应基本保持不变，若变化较大则说明集成块性能不良。

2）稳压系数 S 的测量。取 $I_O = 40mA$，按表 2-14 改变整流电路输入电压 U_2（模拟电网电压波动），分别测出相应的稳压器输入电压 U_I 及输出直流电压 U_O，记入表 2-14 中。

3）测量输出电阻 R_o。取 $U_2 = 10V$，改变滑线变阻器位置，使 I_O 为空载、50mA 和 70mA，测量相应的 U_O 值，记入表 2-15 中。

表 2-14 $I_O = 40mA$

测试值			计算值
U_2/V	U_I/V	U_O/V	S
6			$S_{12} =$
10		5	$S_{23} =$
14			

表 2-15 $U_2 = 10V$

测试值		计算值
I_O/mA	U_O/V	R_o/Ω
空载		$R_{o12} =$
20		$R_{o23} =$
40	5	

4）测量输出纹波电压。取 $U_2 = 10V$，$U_O = 5V$，$I_O = 40mA$，测量输出纹波电压 U_O，记录之。

（3）集成稳压器性能扩展*。根据实验器材，选取图 2-16、图 2-17 或图 2-20 中各元器件，并自拟测试方法与表格，记录实验结果。

说明：带*号的内容时间不够可不做。

E 预习要求

（1）复习教材中有关集成稳压器的内容。
（2）列出实验内容中所要求的各种表格。
（3）在测量稳压系数 S 和内阻 R_o 时，应怎样选择测试仪表？

F 注意事项

（1）每次改接电路时，必须切断工频电源。
（2）在观察输出电压 u_L 波形的过程中，"Y 轴灵敏度"旋钮位置调好以后，不要再变动，否则将无法比较各波形的脉动情况。
（3）在测电流的时候，注意用的是直流电流表。

G 思考题

（1）在桥式整流电路中，如果某个二极管发生开路、短路或反接三种情况，将会出现什么问题？
（2）为了使稳压电源的输出电压 $U_O = 12V$，则其输入电压的最小值 U_{Imin} 应等于多少，交流输入电压 u_{2min} 又怎样确定？
（3）当稳压电源输出不正常或输出电压 U_O 不随取样电位器 R_W 的变化而变化时，应如何进行检查找出故障所在？
（4）怎样提高稳压电源的性能指标（减小 S 和 R_o）？

H 实验报告要求

（1）对表 2-13 所测结果进行全面分析，总结桥式整流、电容滤波电路的特点。
（2）根据表 2-14 和表 2-15 所测数据，计算稳压电路的稳压系数 S 和输出电阻 R_o，并进行分析。
（3）分析讨论实验中出现的故障及其排除方法。
（4）整理实验数据，计算 S 和 R_o，并与手册上的典型值进行比较。
（5）分析讨论实验中发生的现象和问题。

2.6　实验 6　有源滤波器的设计实验
(Designing active filter)

A 实验目的

（1）学习有源滤波器的设计方法；
（2）掌握有源滤波器的安装与调试方法。

B 实验原理

有源滤波器的设计，就是根据所给定的指标要求，确定滤波器的阶数 n，选择具体的

2.6 实验6 有源滤波器的设计实验（Designing active filter）

电路形式，算出电路中各元件的具体数值，安装电路和调试，使设计的滤波器满足指标要求，具体步骤如下：

（1）根据阻带衰减速率要求，确定滤波器的阶数 n。

（2）选择具体的电路形式。

（3）根据电路的传递函数和归一化滤波器传递函数的分母多项式，建立起系数的方程组。

（4）解方程组求出电路中元件的具体数值。

（5）安装电路并进行调试，使电路的性能满足指标要求。

C 实验设备与器件

（1）+12V 直流电源；

（2）函数信号发生器；

（3）双踪示波器；

（4）频率计；

（5）交流毫伏表；

（6）直流电压表；

（7）集成运算放大器芯片；

（8）电阻器、电容器若干。

D 实验内容和步骤

（1）设计一个低通滤波器，指标要求为：

截止频率：$f_c = 1\text{kHz}$；通带电压放大倍数：$A_{uo} = 1$；

在 $f = 10f_c$ 时，要求幅度衰减大于 35dB。

（2）设计一个高通滤波器，指标要求为：

截止频率：$f_c = 500\text{Hz}$；通带电压放大倍数：$A_{uo} = 5$；

在 $f = 0.1f_c$ 时，幅度至少衰减 30dB。

（3）设计一个带通滤波器，指标要求为：

通带中心频率：$f_o = 1\text{kHz}$；通带电压放大倍数：$A_{uo} = 2$；

通带带宽：$\Delta f = 100\text{Hz}$。

E 预习要求

（1）复习教材中有关有源滤波器的内容。

（2）按设计内容要求进行理论设计选用滤波器电路，计算电路中各元件的数值。设计出满足技术指标要求的滤波器。

（3）制定出实验方案，选择实验用的仪器设备并自拟实验步骤进行实验操作。

（4）自行设计合适的测试数据表格，以备填写实验数据。

F 注意事项

（1）仔细检查安装好的电路，确定元件与导线连接无误后，接通电源。

（2）在电路的输入端加入 $U_i = 1\text{V}$ 的正弦信号，慢慢改变输入信号的频率（注意保持 U_i 的值不变），用晶体管毫伏表观察输出电压的变化，在滤波器的截止频率附近，观察电路是否具有滤波特性，若没有滤波特性，应检查电路，找出故障原因并排除之。

G 思考题

(1) 有源滤波器和无源滤波器相比,各有什么不同?
(2) 有源滤波器的 Q 值大小对滤波电路有何影响?

H 实验报告要求

(1) 写出电路的设计过程。
(2) 画出标有元件值的实验电路。
(3) 写出调试与测试过程。
(4) 整理实验数据,将实验结果与理论值比较,分析误差原因。

2.7 实验7 信号调理电路设计实验
（Designing signal conditioning circuit）

A 实验目的

(1) 了解信号调理电路的种类和特点;
(2) 掌握几种常见的信号调理电路的分析设计方法。

B 实验原理

A/D（模/数转换）芯片只能接收一定范围的模拟信号,而传感器把非电物理量变换成电信号后,并不一定在这一范围内。传感器输出的信号有时还必须经放大、滤波、线性化补偿、隔离、保护等措施后,才能送 A/D 转换器。

D/A（数/模转换）转换器是将二进制数字量转换为电压信号,许多情况下还必须经 V/I 转换才能驱动电动阀等执行机构,有时候还必须经过功率放大、隔离等措施。

常见的信号调理电路有：放大电路、滤波电路、电流-电压转换电路、电压-电流转换电路等。由运算放大器构成信号调理电路可以使电路紧凑,控制精度高。

C 实验设备

(1) ±12V 直流电源;
(2) 双踪示波器;
(3) 交流毫伏表;
(4) 频率计;
(5) 集成运算放大器 μA741;
(6) 三极管 2N3904;
(7) 电阻器、电容器若干。

D 实验内容与要求

根据下列要求,选择合适的器件,计算得出电路参数。要求给出具体的电路及设计步骤。下面有 3 个设计任务,至少要完成一个电路的设计及实物验证。

(1) 某控制系统需要采集来自不同地点的三个温度传感器的信号并计算出平均值,传感器将温度转换为电压信号,试设计一个用运算放大器构成的电路,能计算三个电压 V_1、V_2 和 V_3 的平均值。

(2) 有一个压力传感器输出电压为 100mV/psi,输出电阻为 2.5kΩ。请设计一个电路,当压力变化范围是 50~150Pa 时,电压输出为 0~2.5V。

(3) 有一个温度传感器的增益为 20mV/℉,将它用于一个电子温度系统中。设计一个电路,用于温度控制。设定点温度为 72℉,有 4℉ 的死区。再用 2N3904 驱动一个电炉控制继电器。设双极型三极管 2N3904 的放大系数 $h_{fe}=300$,继电器的直流电阻为 250Ω。请设计电路实现温度控制。

E 预习要求

(1) 复习教材中有关集成运放的线性应用部分。

(2) 复习教材中有关集成运放的比较器应用部分。设计至少一个题目的电路,拟定实验任务所要求的各个运算电路,列出各电路的运算表达式。

(3) 拟定每项实验任务的测试步骤,选定输入测试信号的类型(直流或交流)、幅度和频率范围。

(4) 拟定实验中所需仪器和元件。

(5) 设计记录实验数据所需的表格。

F 注意事项

(1) 为了提高实验成功的概率,建议先做仿真验证。

(2) 输入信号采用交流或直流均可,但在选取信号的频率和幅度时,应考虑运放的频率响应和输出幅度的限制。

(3) 为防止出现自激振荡,应用示波器监视输出电压波形。

G 思考题

(1) 信号调理电路还有很多,请画出常用的仪表放大电路的电路图并说明这种电路的优点。

(2) 通常采用什么放大电路放大来自温度传感器的信号?

H 实验报告要求

(1) 本次实验是设计型实验,实验电路及实验步骤和数据记录与处理要求学生自拟。

(2) 整理实验数据,将理论计算结果和实测数据相比较,分析产生误差的原因。

2.8 实验 8 函数发生器的设计实验
(Designing function generator)

A 实验目的

(1) 学习用集成运放构成正弦波、方波和三角波发生器。

(2) 学习波形发生器的调整和主要性能指标的测试方法。

B 实验原理

振荡电路的特点是不需要输入信号就能在输出端观察到一定频率、一定幅值的稳定的周期信号,通常情况下可以利用集成运算放大器和反馈选频网络构成正弦波振荡电路。

1. RC 桥式正弦波振荡器(文氏电桥振荡器)

图 2-22 为 RC 桥式正弦波振荡器。根据稳幅振荡的条件,$AF=1$,因此集成运算放大

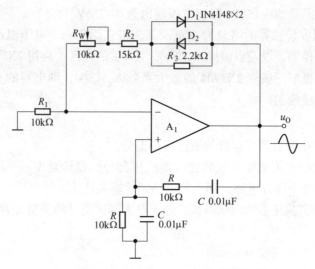

图 2-22 RC 桥式正弦波振荡器

器要有负反馈环节以保证其工作在线性区,这部分电路由 R_1、R_2、R_W 及二极管等元件构成。RC 串、并联电路构成正反馈支路,同时兼作选频网络。调节电位器 R_W,可以改变负反馈深度,以满足振荡的振幅条件和改善波形。利用两个反向并联二极管 D_1、D_2 正向电阻的非线性特性来实现稳幅。D_1、D_2 采用硅管(温度稳定性好),且要求特性匹配,才能保证输出波形正、负半周对称。R_3 的接入是为了削弱二极管非线性的影响,以改善波形失真。

电路的振荡频率:

$$f_o = \frac{1}{2\pi RC}$$

起振的幅值条件:

$$\frac{R_f}{R_1} \geqslant 2$$

式中,$R_f = R_W + R_2 + (R_3 // r_D)$,$r_D$ 为二极管正向导通电阻。

调整反馈电阻 R_f(调 R_W),使电路起振,且波形失真最小。如不能起振,则说明负反馈太强,应适当加大 R_f。如波形失真严重,则应适当减小 R_f。

改变选频网络的参数 C 或 R,即可调节振荡频率。一般采用改变电容 C 作频率量程切换,而调节 R 作量程内的频率细调。

2. 方波发生器

由集成运放构成的方波发生器和三角波发生器,一般均包括比较器和 RC 积分器两大部分。图 2-23 所示为由滞回比较器及简单 RC 积分电路组成的方波、三角波发生器。它的特点是线路简单,但三角波的线性度较差。其主要用于产生方波或对三角波要求不高的场合。

电路振荡频率:

$$f_o = \frac{1}{2R_f C_f \mathrm{Ln}(1 + \frac{2R_2}{R_1})}$$

式中,$R_1 = R_1' + R_W'$;$R_2 = R_2' + R_W''$。

2.8 实验8 函数发生器的设计实验（Designing function generator）

方波输出幅值：$U_{om} = \pm U_Z$

三角波输出幅值：$U_{cm} = \dfrac{R_2}{R_1 + R_2} U_Z$

调节电位器 R_W（即改变 R_2/R_1），可以改变振荡频率，但三角波的幅值也随之变化。如要互不影响，则可通过改变 R_f（或 C_f）来实现振荡频率的调节。

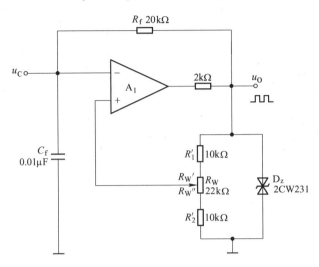

图 2-23 方波发生器

3. 三角波和方波发生器

如把滞回比较器和积分器首尾相接形成正反馈闭环系统，如图 2-24 所示，则比较器 A_1 输出的方波经积分器 A_2 积分可得到三角波，三角波又触发比较器自动翻转形成方波，这样即可构成三角波、方波发生器。图 2-25 为方波、三角波发生器输出波形图。由于采用运放组成的积分电路，因此可实现恒流充电，使三角波线性大大改善。

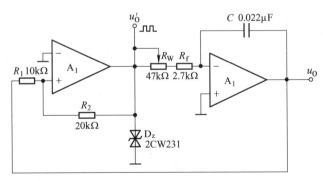

图 2-24 三角波、方波发生器

电路振荡频率：$f_o = \dfrac{R_2}{4R_1(R_f + R_W)C_f}$

方波幅值：$U'_{om} = \pm U_Z$

三角波幅值：$U_{om} = \dfrac{R_1}{R_2} U_Z$

调节 R_W 可以改变振荡频率，改变比值 $\dfrac{R_1}{R_2}$ 可调节三角波的幅值。

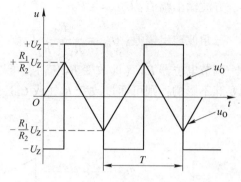

图 2-25　方波、三角波发生器输出波形图

C　实验设备

（1）±12V 直流电源；

（2）双踪示波器；

（3）交流毫伏表；

（4）频率计；

（5）集成运算放大器 μA741×2；

（6）二极管 IN4148×2；

（7）稳压管 2CW231×1；

（8）电阻器、电容器若干。

D　实验内容与步骤

1. RC 桥式正弦波振荡器

按图 2-22 连接实验电路。

（1）接通±12V 电源，调节电位器 R_W，使输出波形从无到有，从正弦波到出现失真。描绘 u_O 的波形，记下临界起振、正弦波输出及失真情况下的 R_W 值，分析负反馈强弱对起振条件及输出波形的影响。

（2）调节电位器 R_W，使输出电压 u_O 幅值最大且不失真，用交流毫伏表分别测量输出电压 U_O、反馈电压 U_+ 和 U_-，分析研究振荡的幅值条件。

（3）用示波器或频率计测量振荡频率 f_o，然后在选频网络的两个电阻 R 上并联同一阻值电阻，观察记录振荡频率的变化情况，并与理论值进行比较。

（4）断开二极管 D_1、D_2，重复（2）的内容，将测试结果与（2）进行比较，分析 D_1、D_2 的稳幅作用。

（5）RC 串并联网络幅频特性观察*。将 RC 串并联网络与运放断开，由函数信号发生器注入 3V 左右正弦信号，并用双踪示波器同时观察 RC 串并联网络输入、输出波形。保持输入幅值（3V）不变，从低到高改变频率，当信号源达某一频率时，RC 串并联网络输出将达最大值（约 1V），且输入、输出同相位。此时的信号源频率

$$f = f_o = \dfrac{1}{2\pi RC}$$

2. 方波发生器

按图 2-23 连接实验电路。

（1）将电位器 R_W 调至中心位置，用双踪示波器观察并描绘方波 u_O 及三角波 u_C 的波形（注意对应关系），测量其幅值及频率，记录之。

（2）改变 R_W 动点的位置，观察 u_O、u_C 幅值及频率变化情况。把动点调至最上端和最下端，测出频率范围，记录之。

（3）将 R_W 恢复至中心位置，将一只稳压管短接，观察 u_O 波形，分析 D_Z 的限幅作用。

3. 三角波和方波发生器

按图 2-24 连接实验电路。

2.8 实验 8 函数发生器的设计实验（Designing function generator）

（1）将电位器 R_W 调至合适位置，用双踪示波器观察并描绘三角波输出 u_O 及方波输出 u_O'，测其幅值、频率及 R_W 值，记录之。

（2）改变 R_W 的位置，观察对 u_O、u_O' 幅值及频率的影响。

（3）改变 R_1（或 R_2），观察对 u_O、u_O' 幅值及频率的影响。

E 预习要求

（1）复习有关 RC 正弦波振荡器、三角波及方波发生器的工作原理，并估算图 2-22～图 2-24 电路的振荡频率。

（2）设计实验表格。

F 注意事项

调试桥式正弦波振荡电路时，若电路不起振可适当调整滑动变阻器。

G 思考题

（1）为什么在 RC 正弦波振荡电路中要引入负反馈支路，为什么要增加二极管 D_1 和 D_2，它们是怎样稳幅的？

（2）试设计一个 RC 正弦波振荡电路，$f_o = 1\text{kHz}$。

H 实验报告要求

1. 正弦波发生器

（1）列表整理实验数据，画出波形，把实测频率与理论值进行比较。

（2）根据实验分析 RC 振荡器的振幅条件。

（3）讨论二极管 D_1、D_2 的稳幅作用。

2. 方波发生器

（1）列表整理实验数据，在同一座标纸上，按比例画出方波和三角波的波形图（标出时间和电压幅值）。

（2）分析 R_W 变化时，对 u_O 波形的幅值及频率的影响。

（3）讨论 D_Z 的限幅作用。

3. 三角波和方波发生器

（1）整理实验数据，把实测频率与理论值进行比较。

（2）在同一坐标纸上，按比例画出三角波及方波的波形，并标明时间和电压幅值。

（3）分析电路参数变化（R_1，R_2 和 R_W）对输出波形频率及幅值的影响。

3 数字电子技术实验

（Digital Electronics Labs）

3.1 实验1 门电路实验
（Gate circuits）

A 实验目的

（1）熟悉电子技术实验装置的基本使用方法和电路测试方法。

（2）掌握 TTL 集成门电路的逻辑功能和主要参数测试方法。

（3）掌握用门电路设计组合逻辑电路的方法。

B 实验原理

TTL 集成门电路通常采用双列直插式的封装形式，例如本实验中采用的与非门 74LS00 芯片引脚排列如图 3-1 所示。图 3-2 是与非门逻辑符号。

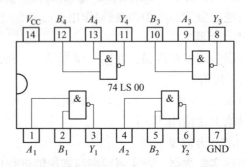

图 3-1 与非门外形与引脚图

印在芯片上的字符代表了芯片的特征，不同的生产厂家命名规则不同，但是大多数都沿用德克萨斯公司（Texas Instruments）的命名方法。例如图片中的字符 HD74LS00P 代表的含义如下：

图 3-2 与非门逻辑符号

HD　74　LS　00　P
①　②　③　④　⑤

①HD 表示日立公司出品，SN 代表德克萨斯公司，MC 代表摩托罗拉公司。

②74/54 表示工作温度范围，54 系列芯片的工作范围是 $-55\sim+125℃$，通常用于军工；74 系列的工作范围是 $0\sim+70℃$，通常是民用。

③LS 表示低功耗肖特基系列，此外还有：ALS 表示先进的低功耗肖特基系列，AS 表示先进的肖特基系列，H 表示高速系列，空白表示普通系列，L 表示低功耗系列，S 表示

④表示品种，即代表了不同功能的芯片。例如：00 表示两输入四与非门，20 表示四输入两与非门，76 表示 JK 触发器等。

⑤表示封装形式，上图中的 P 表示塑料双列直插形式。

1. 与非门的逻辑功能测试

与非门的逻辑功能是：当输入端中有一个或一个以上是低电平时，输出端为高电平；只有当输入端全部为高电平时，输出端才是低电平（即有"0"得"1"，全"1"得"0"）。

其逻辑表达式为 $Y = \overline{AB\cdots}$

测试门电路的逻辑功能有两种方法：

（1）静态测试法：就是给门电路输入端加固定高、低电平，用万用表、发光二极管等测输出电平。

（2）动态测试法：就是给门电路输入端加一串脉冲信号，用示波器观测输入波形与输出波形的关系。

2. TTL 与非门与其他门电路的功能转化

与非门是一种全能的逻辑门，它可以实现与、或、非三种基本的逻辑关系。因此可以用与非门实现任意组合逻辑关系。

3. 用与非门设计组合逻辑电路

设计的一般步骤是逻辑假设，确定输入变量、输出变量，规定变量的取值，列出真值表或卡诺图，将问题先转化为逻辑代数的问题，化简后写出最简的逻辑函数表达式，再用与非门实现。

C 实验设备与器件

（1）+5V 直流电源；

（2）逻辑电平开关；

（3）逻辑电平显示器；

（4）直流数字电压表；

（5）直流毫安表；

（6）直流微安表；

（7）74LS00×2、74LS20×1、1K、10K 电位器和 200Ω 电阻器（0.5W）。

D 实验内容

在合适的位置选取一个 14P 插座，按定位标记插好 74LS00 集成块。

（1）验证 TTL 集成与非门 74LS00 的逻辑功能。门的两个输入端接逻辑开关输出插口，以提供"0"与"1"电平信号，开关向上，输出逻辑"1"，向下为逻辑"0"。门的输出端接由 LED 发光二极管组成的逻辑电平显示器（又称 0-1 指示器）的显示插口，LED 亮为逻辑"1"，不亮为逻辑"0"。按表 3-1 的真值表逐个测试集成块中两个与非门的逻辑功能。

（2）验证 TTL 集成与非门 74LS20 的逻辑功能。74LS20 芯片中包含 2 个四输入与非门（其引脚排列如图 3-3 所示），选择其中的一个进行功能测试，完成测试表 3-2。

表 3-1

A	B	Y

表 3-2

A	B	C	D	Y

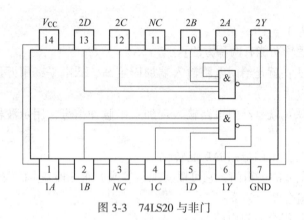

图 3-3 74LS20 与非门

（3）用与非门实现与、或、非三种逻辑关系，画出电路图，连接电路并验证功能是否正确。

（4）用与非门设计组合逻辑电路。设计一个水箱水位控制电路。有两个水箱，水箱的水位分别由两个液位传感器的输出信号指示水位是否超过警戒线，试用与非门设计一个电路用来指示两个水箱的液位都超过警戒线时，发出报警指示。报警可以用发光二极管（LED）指示，请注意与非门驱动负载（LED）的方式。

E 预习要求

熟悉集成 TTL 与非门的电路组成、工作原理、电气特性、主要参数和逻辑功能。

F 注意事项

（1）接插集成块时，要认清定位标记，不得插反。

（2）电源电压使用范围为 +4.5～+5.5V 之间，实验中要求使用 V_{CC} = +5V。电源极性绝对不允许接错。

（3）闲置输入端处理方法：

1) TTL 逻辑门电路输入端悬空，相当于接入高电平"1"，对于一般集成电路的数据输入端，实验时悬空处理，易受外界干扰，导致电路的逻辑功能不正常。因此，对于接有长线的输入端，中规模以上的集成电路和使用集成电路较多的复杂电路，所有控制输入端必须按逻辑要求接入电路，不允许悬空。CMOS 门电路输入端不允许悬空。

2) 与非门多余的输入端直接接电源电压 V_{CC}（也可以串入一只 1～10kΩ 的固定电阻）或接至某一固定电压（+2.4≤V≤4.5V）的电源上。

3) 若前级驱动能力允许，可以与使用的输入端并联。

（4）输入端通过电阻接地，电阻值的大小将直接影响电路所处的状态。当 $R \leqslant 680Ω$

时，输入端相当于逻辑"0"；当 $R \geqslant 4.7\text{k}\Omega$ 时，输入端相当于逻辑"1"。对于不同系列的器件，要求的阻值不同。

（5）输出端不允许并联使用（集电极开路门（OC）和三态输出门电路（3S）除外），否则不仅会使电路逻辑功能混乱，还会导致器件损坏。

（6）输出端不允许直接接地或直接接+5V电源，否则将损坏器件，有时为了使后级电路获得较高的输出电平，允许输出端通过电阻 R 接至 V_{cc}，一般取 $R = 3 \sim 5.1\text{k}\Omega$。

G 思考题

（1）如果一个与非门的一个输入端，接连续脉冲时，那么：

1）其余的输入端是什么逻辑状态时，允许脉冲通过？脉冲通过时，输出波形与输入波形有何差别？

2）其余输入端是什么逻辑状态时，不允许脉冲通过？在这种情况下，输出端是什么状态？

（2）为什么 TTL 与非门输入端悬空就相当于输入逻辑"1"电平？

H 实验报告

（1）记录、整理实验结果，并对结果进行分析。

（2）画出实测的电压传输特性曲线，并从中读出各有关参数值。

附录集成电路芯片简介

数字电路实验中所用到的集成芯片都是双列直插式的，其引脚排列规则如图 3-1 所示。识别方法是：正对集成电路型号（如 74LS20）或看标记（左边的缺口或小圆点标记），从左下角开始按逆时针方向以 1，2，3，…依次排列到最后一脚（在左上角）。在标准型 TTL 集成电路中，电源端 V_{CC} 一般排在左上端，接地端 GND 一般排在右下端。如 74LS20 为 14 脚芯片，14 脚为 V_{CC}，7 脚为 GND。若集成芯片引脚上的功能标号为 NC，则表示该引脚为空脚，与内部电路不连接。

3.2 实验 2 常用组合逻辑电路实验
(Frequently used combinational logic ICs)

A 实验目的

（1）熟悉组合逻辑电路的分析设计方法。

（2）学会用数据选择器构成组合逻辑电路的方法。

（3）学习用集成的组合逻辑器件设计、装调电路的方法。

B 实验原理

1. 用中小规模集成芯片设计组合逻辑电路的方法

（1）门电路的设计方法。此方法已经在集成门电路实验中阐述过。设计的关键是要用真值表或者卡诺图将要设计的逻辑电路的功能描述出来。设计步骤如图 3-4 所示。

（2）用数据选择器设计组合逻辑电路。数据选择器的用途很多，例如多通道传输、数码比较、并行码变串行码，以及实现逻辑函数等。数据选择器通常有数据输入端、地址输入端（选择输入端）和数据输出端，一个四选一的数据选择器有四个数据输入端和两个地址输入端以及一个数据输出端(图3-5)。典型的功能见表3-3。

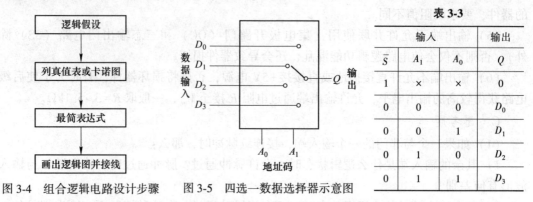

图3-4 组合逻辑电路设计步骤　　图3-5 四选一数据选择器示意图

表3-3

$\overline{S}$	A_1	A_0	Q
1	×	×	0
0	0	0	D_0
0	0	1	D_1
0	1	0	D_2
0	1	1	D_3

表头：输入 / 输出

$\overline{S}$ 是使能端，$\overline{S}$ 为低电平时，芯片正常工作。

74LS153 就是一个双四选一数据选择器，即在一块集成芯片上有两个四选一数据选择器。引脚排列如图3-6所示，功能见表3-4。

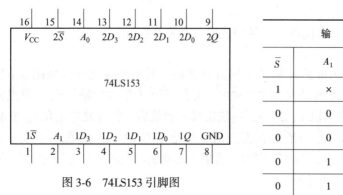

图3-6 74LS153 引脚图

表3-4

$\overline{S}$	A_1	A_0	Q
1	×	×	0
0	0	0	D_0
0	0	1	D_1
0	1	0	D_2
0	1	1	D_3

输出与输入的关系 $Y = D_0 \overline{A_1}\,\overline{A_0} + D_1 \overline{A_1} A_0 + D_2 A_1 \overline{A_0} + D_3 A_1 A_0 = m_0 D_0 + m_1 D_1 + m_2 D_2 + m_3 D_3$

可见选择器输出为标准与或式，含有由地址变量构成的全部最小项。

$1\overline{S}$、$2\overline{S}$ 为两个独立的使能端；A_1、A_0 为公用的地址输入端；$1D_0 \sim 1D_3$ 和 $2D_0 \sim 2D_3$ 分别为两个四选一数据选择器的数据输入端；Q_1、Q_2 为两个输出端。

1) 当使能端 $1\overline{S}$($2\overline{S}$) = 1 时，多路开关被禁止，无输出，$Q = 0$。

2) 当使能端 $1\overline{S}$($2\overline{S}$) = 0 时，多路开关正常工作，根据地址码 A_1、A_0 的状态，将相应的数据 $D_0 \sim D_3$ 送到输出端 Q。

如：$A_1 A_0 = 00$ 则选择 D_0 数据到输出端，即 $Q = D_0$。

　　$A_1 A_0 = 01$ 则选择 D_1 数据到输出端，即 $Q = D_1$，其余类推。

而任何组合逻辑函数都可以表示成为最小项之和的形式，故可用数据选择器实现组合逻辑函数。具体设计流程参考图3-7。

(3) 八选一数据选择器74LS151。74LS151 为互补输出的八选一数据选择器，引脚排

3.2 实验2 常用组合逻辑电路实验（Frequently used combinational logic ICs）

列如图3-8所示，功能如表3-4所示。

选择控制端（地址端）为 $A_2 \sim A_0$，按二进制译码，从8个输入数据 $D_0 \sim D_7$ 中，选择一个需要的数据送到输出端 Q，$\overline{S}$ 为使能端，低电平有效。

1) 使能端 $\overline{S} = 1$ 时，不论 $A_2 \sim A_0$ 状态如何，均无输出（$Q = 0$，$\overline{Q} = 1$），多路开关被禁止。

2) 使能端 $\overline{S} = 0$ 时，多路开关正常工作，根据地址码 A_2、A_1、A_0 的状态选择 $D_0 \sim D_7$ 中某一个通道的数据输送到输出端 Q。

如：$A_2A_1A_0 = 000$，则选择 D_0 数据到输出端，即 $Q = D_0$。

如：$A_2A_1A_0 = 001$，则选择 D_1 数据到输出端，即 $Q = D_1$，其余类推。

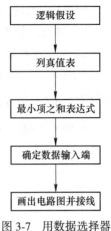

图3-7 用数据选择器设计组合逻辑电路流程

例1：用八选一数据选择器74LS151实现函数 $F = A\overline{B} + \overline{A}C + B\overline{C}$。

采用八选一数据选择器74LS151可实现任意三输入变量的组合逻辑函数（图3-9）。

作出函数 F 的功能表，如表3-5所示，将函数 F 功能表与八选一数据选择器的功能表相比较，可知：

1) 将输入变量 C、B、A 作为八选一数据选择器的地址码 A_2、A_1、A_0。

2) 使八选一数据选择器的各数据输入 $D_0 \sim D_7$ 分别与函数 F 的输出值一一相对应。

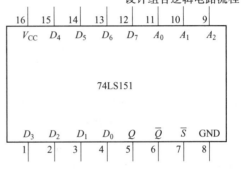

图3-8 74LS151引脚排列图

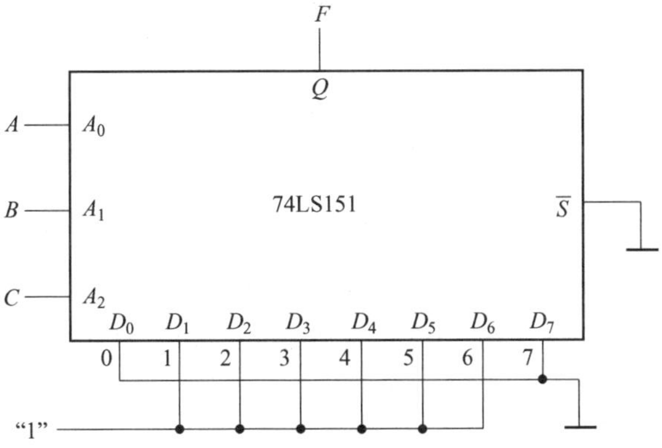

表3-5

输 入			输出
C	B	A	F
0	0	0	0
0	0	1	1
0	1	0	1
0	1	1	1
1	0	0	1
1	0	1	1
1	1	0	1
1	1	1	0

图3-9 用八选一数据选择器实现

即：
$$A_2A_1A_0 = CBA$$
$$D_0 = D_7 = 0$$
$$D_1 = D_2 = D_3 = D_4 = D_5 = D_6 = 1$$

则八选一数据选择器的输出 Q 便实现了函数 $F = A\overline{B} + \overline{A}C + B\overline{C}$ 的功能。

例2：用八选一数据选择器74LS151实现函数 $F = A\bar{B} + \bar{A}B$

1) 列出函数 F 的功能表如表3-6所示。

2) 将 A、B 加到地址端 A_1、A_0，而 A_2 接地，由表3-6可见，将 D_1、D_2 接"1"及 D_0、D_3 接地，其余数据输入端 $D_4 \sim D_7$ 都接地，则八选一数据选择器的输出 Q，便实现了函数 $F = A\bar{B} + B\bar{A}$ 的功能。

实现 $F = A\bar{B} + B\bar{A}$ 函数的接线图如图3-10所示。

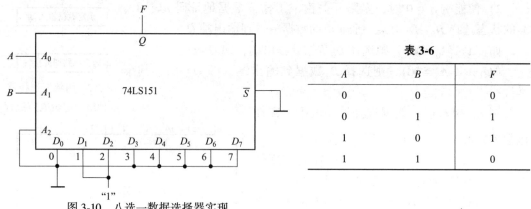

图3-10 八选一数据选择器实现 $F = A\bar{B}+\bar{A}B$ 的接线图

表3-6

A	B	F
0	0	0
0	1	1
1	0	1
1	1	0

显然，当函数输入变量数小于数据选择器的地址端（A）时，应将不用的地址端及不用的数据输入端（D）都接地。

2. 集成加法器74LS283

74LS283是四位二进制超前进位加法器，每一位都有和（Σ_i）输出，C_4 第四位为总进位。其引脚排列如图3-11所示。

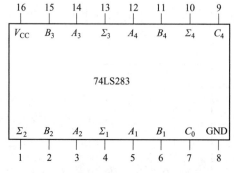

图3-11 集成加法器74LS283引脚图

C 实验设备与器件

（1）+5V直流电源；

（2）逻辑电平开关；

（3）逻辑电平显示器；

（4）74LS151（或CC4512）、74LS153（或CC4539）和74LS283。

D 实验内容与步骤

（1）测试数据选择器74LS151的逻辑功能。按图3-12接线，地址端 A_2、A_1、A_0，数据端 $D_0 \sim D_7$，使能端 $\bar{S}$ 接逻辑开关，输出端 Q 接逻辑电平显示器，按74LS151功能表逐项进行测试，记录测试结果。

（2）测试74LS153的逻辑功能测试方法及步骤同上，记录之。

（3）用八选一数据选择器74LS151设计三输入多数表决电路。设计步骤如下：

1) 写出设计过程；

2) 画出接线图；

3.2 实验2 常用组合逻辑电路实验（Frequently used combinational logic ICs）

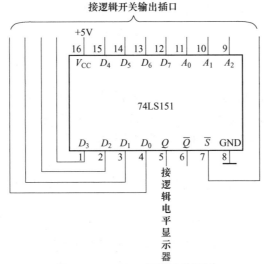

图 3-12 74LS151 逻辑功能测试

3）验证逻辑功能。

（4）用八选一数据选择器实现逻辑函数。

$$F = \overline{A}(B + \overline{C} + E) + BCD$$

给出逻辑电路连接图，并连接调试。

设计步骤如下：

1）写出设计过程；

2）画出接线图；

3）验证逻辑功能。

（5）用双四选一数据选择器74LS153实现全加器。设计步骤如下：

1）写出设计过程；

2）画出接线图；

3）验证逻辑功能。

（6）验证74LS283逻辑功能，实现两位二进制加法运算。

（7）用74LS283设计电路，能将8421BCD码转换成余三码。

1）写出设计过程；

2）画出接线图；

3）验证逻辑功能。

E 预习内容

（1）复习数据选择器的工作原理；

（2）用数据选择器对实验内容中各函数式进行预设计。

F 注意事项

（1）接插集成块时，要认清定位标记，不得插反。

（2）电源电压使用范围为+4.5~+5.5V之间，实验中要求使用 $V_{CC} = +5V$。电源极性绝对不允许接错。

（3）输出端不允许并联使用（集电极开路门（OC）和三态输出门电路（3S）除

外)。否则不仅会使电路逻辑功能混乱,并会导致器件损坏。

(4) 输出端不允许直接接地或直接接+5V电源,否则将损坏器件,有时为了使后级电路获得较高的输出电平,允许输出端通过电阻 R 接至 V_{cc},一般取 $R=3\sim5.1\mathrm{k}\Omega$。

G 思考题

(1) 如何将74LS153扩展为八选一数据选择器?

(2) 试用半片74LS153设计1个1010~1111代码检测电路,并实验验证之。

(3) 试用74LS283和74LS86实现二进制数相减。

H 实验报告

要求写出设计电路的步骤,画出电路原理图,列出验证电路所需的表格,写出测试过程。

3.3 实验3 触发器实验
(Flip-flops)

A 实验目的和要求

(1) 掌握基本RS、JK、D和T触发器的逻辑功能;

(2) 掌握集成触发器的逻辑功能及使用方法;

(3) 熟悉触发器之间相互转换的方法。

B 实验原理

触发器具有两个稳定状态,用以表示逻辑状态"1"和"0",在一定的外界信号作用下,可以从一个稳定状态翻转到另一个稳定状态,它是一个具有记忆功能的二进制信息存贮器件,是构成各种时序电路的最基本逻辑单元。

1. 基本RS锁存器

图3-13为由两个与非门交叉耦合构成的基本RS锁存器,基本RS锁存器具有置"0"、置"1"和"保持"三种功能。通常称 $\bar{S}$ 为置"1"端,因为 $\bar{S}=0$ ($\bar{R}=1$)时锁存器被置"1";$\bar{R}$ 为置"0"端,因为 $\bar{R}=0$ ($\bar{S}=1$)时锁存器被置"0",当 $\bar{S}=\bar{R}=1$ 时状态保持;$\bar{S}=\bar{R}=0$ 时,锁存器状态不定,应避免此种情况发生,表3-7为基本RS锁存器的功能表。

基本RS锁存器,也可以用两个"或非门"组成,此时为高电平触发有效。

表3-7

输入		输出	
$\bar{S}$	$\bar{R}$	Q^{n+1}	$\bar{Q}^{n+1}$
0	1	1	0
1	0	0	1
1	1	Q^n	$\bar{Q}^n$
0	0	ϕ	ϕ

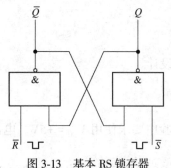

图3-13 基本RS锁存器

2. JK 触发器

在输入信号为双端的情况下，JK 触发器是功能完善、使用灵活和通用性较强的一种触发器。本实验采用 74LS112 双 JK 触发器，是下降边沿触发的边沿触发器。引脚排列及逻辑符号如图 3-14 所示。

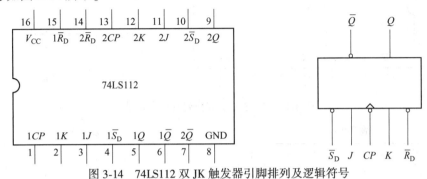

图 3-14 74LS112 双 JK 触发器引脚排列及逻辑符号

JK 触发器的状态方程为

$$Q^{n+1} = J\overline{Q}^n + \overline{K}Q^n$$

下降沿触发 JK 触发器的功能如表 3-8 所示。

表 3-8

| \multicolumn{5}{c}{输入} | \multicolumn{2}{c}{输出} |
$\overline{S}_D$	$\overline{R}_D$	CP	J	K	Q^{n+1}	$\overline{Q}^{n+1}$
0	1	×	×	×	1	0
1	0	×	×	×	0	1
0	0	×	×	×	φ	φ
1	1	↓	0	0	Q^n	$\overline{Q}^n$
1	1	↓	1	0	1	0
1	1	↓	0	1	0	1
1	1	↓	1	1	$\overline{Q}^n$	Q^n
1	1	↑	×	×	Q^n	$\overline{Q}^n$

注：×—任意态；↓—高到低电平跳变；↑—低到高电平跳变；$Q^n(\overline{Q}^n)$—现态；$Q^{n+1}(\overline{Q}^{n+1})$—次态；φ—不定态。

JK 触发器常被用作缓冲存储器，移位寄存器和计数器。

3. D 触发器

在输入信号为单端的情况下，D 触发器用起来最为方便，其状态方程为 $Q^{n+1} = D^n$，其输出状态的更新发生在 CP 脉冲的上升沿，故又称为上升沿触发的边沿触发器。触发器的状态只取决于时钟到来前 D 端的状态。D 触发器的应用很广，可用作数字信号的寄存、移位寄存、分频和波形发生等。其有很多种型号，可用于各种用途，如双 D 触发器 74LS74、四 D 触发器 74LS175、六 D 触发器 74LS174 等。

图 3-15 为双 D 触发器 74LS74 的引脚排列及逻辑符号。其功能如表 3-9 所示。表 3-10 所示是 T 触发器的功能表。

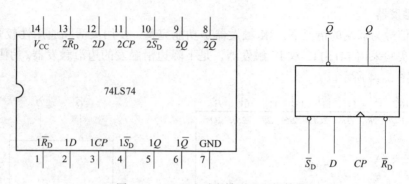

图 3-15　74LS74 引脚排列及逻辑符号

表 3-9

$\overline{S}_D$	$\overline{R}_D$	CP	D	Q^{n+1}	$\overline{Q}^{n+1}$
0	1	×	×	1	0
1	0	×	×	0	1
0	0	×	×	φ	φ
1	1	↑	1	1	0
1	1	↑	0	0	1
1	1	↓	×	Q^n	$\overline{Q}^n$

表 3-10

$\overline{S}_D$	$\overline{R}_D$	CP	T	Q^{n+1}
0	1	×	×	1
1	0	×	×	0
1	1	↓	0	Q^n
1	1	↓	1	$\overline{Q}^n$

4. 触发器之间的相互转换

在集成触发器的产品中，每一种触发器都有自己固定的逻辑功能。但可以利用转换的方法获得具有其他功能的触发器。例如将 JK 触发器的 J、K 两端连在一起，并认它为 T 端，就得到所需的 T 触发器。如图 3-16（a）所示，其状态方程为：$Q^{n+1} = T\overline{Q}^n + \overline{T}Q^n$

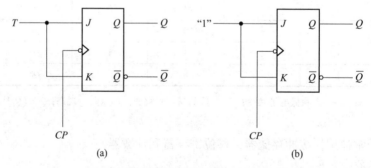

图 3-16　JK 触发器转换为 T、T′触发器
(a) T 触发器；(b) T′触发器

由功能表可见，当 $T=0$ 时，时钟脉冲作用后，其状态保持不变；当 $T=1$ 时，时钟脉冲作用后，触发器状态翻转。所以，若将 T 触发器的 T 端置"1"，如图 3-16（b）所示，即得 T′触发器。在 T′触发器的 CP 端每来一个 CP 脉冲信号，触发器的状态就翻转一次，故称之为反转触发器，广泛用于计数电路中。

同样，若将 D 触发器 $\overline{Q}$ 端与 D 端相连，便转换成 T′触发器，如图 3-17 所示。

JK 触发器也可转换为 D 触发器，如图 3-18 所示。

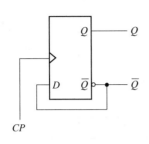 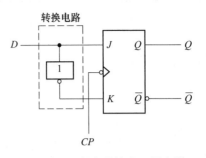

图 3-17　D 触发器转成 T'触发器　　　　　图 3-18　JK 触发器转成 D 触发器

C　实验设备与器件

（1）+5V 直流电源；

（2）双踪示波器；

（3）连续脉冲源；

（4）单次脉冲源；

（5）逻辑电平开关；

（6）逻辑电平显示器；

（7）74LS112、74LS00 和 74LS74。

D　实验内容与步骤

（1）测试基本 RS 锁存器的逻辑功能。按图 3-13，用两个与非门组成基本 RS 锁存器，输入端 $\bar{R}$、$\bar{S}$ 接逻辑开关的输出插口，输出端 Q、$\bar{Q}$ 接逻辑电平显示输入插口，按表 3-11 要求测试，并记录之。

表 3-11

$\bar{R}$	$\bar{S}$	Q	$\bar{Q}$
0	1		
1	0		
1	1		
0	0		

（2）测试双 JK 触发器 74LS112 逻辑功能。

1）测试 $\bar{R}_D$、$\bar{S}_D$ 的复位、置位功能。任取一只 JK 触发器，$\bar{R}_D$、$\bar{S}_D$、J、K 端接逻辑开关输出插口，CP 端接单次脉冲源，Q、$\bar{Q}$ 端接至逻辑电平显示输入插口。要求改变 $\bar{R}_D$、$\bar{S}_D$（J、K、CP 处于任意状态），并在 $\bar{R}_D=0$（$\bar{S}_D=1$）或 $\bar{S}_D=0$（$\bar{R}_D=1$）作用期间任意改变 J、K 及 CP 的状态，观察 Q、$\bar{Q}$ 状态。自拟表格并记录之。

2）测试 JK 触发器的逻辑功能。按表 3-12 的要求改变 J、K、CP 端状态，观察 Q、$\bar{Q}$ 状态变化，观察触发器状态更新是否发生在 CP 脉冲的下降沿（即 CP 由 1→0），记录之。

表 3-12

J	K	CP	Q^{n+1}	
			$Q^n = 0$	$Q^n = 1$
0	0	↑		
		↓		
0	1	↑		
		↓		
1	0	↑		
		↓		
1	1	↑		
		↓		

3) 将 JK 触发器的 J、K 端连在一起，构成 T 触发器。

在 CP 端输入 1Hz 连续脉冲，观察 Q 端的变化。在 CP 端输入 1kHz 连续脉冲，用双踪示波器观察 CP、Q、$\bar{Q}$ 端波形，注意相位关系，描绘之。

(3) 测试双 D 触发器 74LS74 的逻辑功能。

1) 测试 $\bar{R}_D$、$\bar{S}_D$ 的复位、置位功能。测试方法同实验内容（2）之 1），自拟表格记录。

2) 测试 D 触发器的逻辑功能。按表 3-13 要求进行测试，并观察触发器状态更新是否发生在 CP 脉冲的上升沿（即由 0→1），记录之。

表 3-13

D	CP	Q^{n+1}	
		$Q^n = 0$	$Q^n = 1$
0	↑		
	↓		
1	↑		
	↓		

3) 将 D 触发器的 $\bar{Q}$ 端与 D 端相连接，构成 T' 触发器。

测试方法同实验内容（2）之 3），记录之。

(4) 双相时钟脉冲电路。用 JK 触发器及与非门构成的双相时钟脉冲电路如图 3-19 所示，此电路是用来将时钟脉冲 CP 转换成两相时钟脉冲 CP_A 及 CP_B，其频率相同、相位不同。分析电路工作原理，并按图 3-19 接线，用双踪示波器同时观察 CP、CP_A；CP、CP_B 及 CP_A、CP_B 波形，并描绘之。

(5) 试用 D 触发器实现 JK 触发器的功能，请画出电路图。

E 实验预习要求

(1) 复习有关触发器内容。

(2) 列出各触发器功能测试表格。

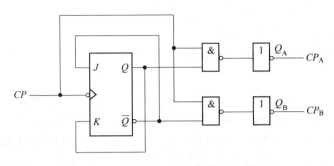

图 3-19 双相时钟脉冲电路

(3) 按实验内容（4）、(5) 的要求设计线路，拟定实验方案。

F 注意事项

(1) 接插集成块时，要认清定位标记，不得插反。

(2) 电源电压使用范围为+4.5～+5.5V 之间，实验中要求使用 $V_{CC}=+5V$。电源极性绝对不允许接错。

(3) 输出端不允许并联使用（集电极开路门（OC）和三态输出门电路（3S）除外）。否则不仅会使电路逻辑功能混乱，并会导致器件损坏。

(4) 输出端不允许直接接地或直接接+5V 电源，否则将损坏器件，有时为了使后级电路获得较高的输出电平，允许输出端通过电阻 R 接至 V_{CC}，一般取 $R=3～5.1\text{k}\Omega$。

(5) 注意异步置 0 及置 1 端，复位或置位后正常使用时应接高电平。

G 思考题

(1) D 触发器和 JK 触发器的逻辑功能和触发方式有何不同？

(2) 各类触发器是否都是当复位端、置位端均为 1 时，才实现其触发器的正常工作？

(3) 请用集成触发器芯片设计一个二分频电路，并用示波器观察分频效果。

(4) 乒乓球练习设计。

电路功能要求：模拟两名动运员在练球时，乒乓球能往返运转。

提示：采用双 D 触发器 74LS74 设计实验线路，两个 CP 端触发脉冲分别由两名运动员操作，两触发器的输出状态用逻辑电平显示器显示。

H 实验报告

(1) 列表整理各类触发器的逻辑功能。

(2) 总结观察到的波形，说明触发器的触发方式。

(3) 体会触发器的应用。

(4) 利用普通的机械开关组成的数据开关所产生的信号是否可作为触发器的时钟脉冲信号，为什么？是否可以用作触发器的其他输入端的信号，又是为什么？

3.4 实验 4 计数器实验
(Counters)

A 实验目的

(1) 熟悉计数器的基本功能。

(2) 掌握典型中规模集成计数器的使用方法及功能测试方法。
(3) 掌握用触发器构成计数器的方法。
(4) 掌握使用集成计数器设计任意进制计数器的方法。

B　实验原理

计数器是典型的时序逻辑器件，它不仅可以用来对脉冲进行计数，还常用做数字系统的定时、分频和执行数字运算以及其他特定的逻辑功能。计数器的种类很多，按构成计数器中的各触发器是否使用一个时钟脉冲源来分有：同步计数器和异步计数器；根据计数进制的不同分为：二进制、十进制和任意进制计数器 ；根据计数的增减趋势分为：加法、减法和可逆计数器；还有可预置数和可编程功能计数器等。

计数器可以用分立的触发器实现，图 3-20 就是用四个 D 触发器构成的异步二进制加法计数器。

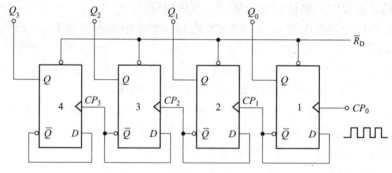

图 3-20　四位二进制异步加法计数器

常见的集成计数器通常有四位二进制加法计数器，如 74LS161，还有二-五-十进制加法计数器 74LS90 芯片（图 3-21）等，利用集成计数器还可方便地构成任意（N）进制计数器。从 74LS90 芯片内部结构（图 3-22）可以看出它实际上是由一个二进制和一个五进制计数器构成的，因此它有两个时钟脉冲输入端，若将芯片接成十进制，则外部脉冲应从 CP_A 接入，Q_0 端应与 CP_B 相连。功能表见表 3-14。

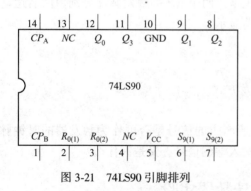

图 3-21　74LS90 引脚排列　　　　　　图 3-22　74LS90 内部框图

表 3-14　74LS90 复位/计数功能表

复位输入端				输出端			
$R_{0(1)}$	$R_{0(2)}$	$S_{9(1)}$	$S_{9(2)}$	Q_3	Q_2	Q_1	Q_0
1	1	0	X	0	0	0	0

3.4 实验 4 计数器实验（Counters）

续表 3-14

复位输入端				输出端			
$R_{0(1)}$	$R_{0(2)}$	$S_{9(1)}$	$S_{9(2)}$	Q_3	Q_2	Q_1	Q_0
1	1	X	0	0	0	0	0
X	X	1	1	1	0	0	1
X	0	X	0	计数			
0	X	X	0	计数			
0	X	X	1	计数			
X	0	0	X	计数			

用集成计数器芯片设计任意进制计数器的方法有：

（1）反馈归零法。假定已有 N 进制计数器，而需要得到一个 M 进制计数器时，只要 $M<N$，用复位法使计数器计数到 M 时置"0"，即获得 M 进制计数器。该法主要是利用计数器清零端的清零作用，截取计数过程中的某一个中间状态控制清零端，使计数器由此状态返回到零重新开始计数。这种方法把计数容量大的计数器改成计数容量小的计数器。其关键是清零信号的选择与芯片的清零方式有关，异步清零方式以 M 作为清零信号或反馈识别码，其有效循环状态为 $0 \sim M-1$；同步清零方式以 $M-1$ 作为反馈识别码，其有效循环状态为 $0 \sim M-1$。还要注意清零端的有效电平，以确定用与门还是与非门来引导。

（2）反馈置数法。该法是利用具有置数功能的计数器，截取从 N_b 到 N_a 之间的 N 个有效状态构成 N 进制计数器。其方法是当计数器的状态循环到 N_a 时，由 N_a 构成的反馈信号提供置数指令，由于事先将并行置数数据输入端置成了 N_b 的状态，所以置数指令到来时，计数器输出端被置成 N_b，再来计数脉冲，计数器在 N_b 基础上继续计数直至 N_a，又进行新一轮置数、计数，其关键是反馈识别码的确定与芯片的置数方式有关。异步置数方式以 $N_a=N_b+N$ 作为反馈识别码，其有效循环状态为 $N_b \sim N_a$；同步置数方式以 $N_a=N_b+N-1$ 作为反馈识别码，其有效循环状态为 $N_b \sim N_a$。还要注意置数端的有效电平，以确定用与门还是与非门来引导。

（3）计数器的级联。把几个计数器串联起来可以扩大计数容量，如图 3-23 所示，两个 74LS90 芯片级联起来可以构成 100 进制的计数器。

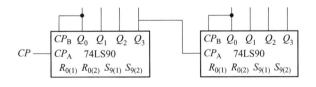

图 3-23 100 进制计数器

C 实验设备与器件

（1）+5V 直流电源；

（2）双踪示波器；

(3) 连续脉冲源；

(4) 单次脉冲源；

(5) 逻辑电平开关；

(6) 0-1 指示器；

(7) 译码显示器；

(8) 74LS74×2、74LS90×2、74LS00 和 74LS20。

D 实验内容与步骤

(1) 用 74LS74 D 触发器构成 4 位二进制异步加法计数器。

1) 按图 3-20 接线，$\overline{R}_D$ 接至逻辑开关输出插口，将低位 CP_0 端接单次脉冲源，输出端 Q_3、Q_2、Q_1、Q_0 接逻辑电平显示输入插口，各 $\overline{S}_D$ 接高电平"1"。

2) 清零后，逐个送入单次脉冲，观察并列表记录 $Q_3 \sim Q_0$ 状态。

3) 将单次脉冲改为 1Hz 的连续脉冲，观察 $Q_3 \sim Q_0$ 的状态。

4) 将图 3-20 电路中的低位触发器的 Q 端与高一位的 CP 端相连接，构成减法计数器，按实验内容（1）中的 2)、3) 进行实验，观察并列表记录 $Q_3 \sim Q_0$ 的状态。

(2) 测试 74LS90 十进制计数器的逻辑功能。

(3) 用 74LS90 芯片设计七进制计数器(可参考图 3-24)。

1) 写出设计步骤。

2) 画出电路图。

3) 接线，将计数器输出端接至译码显示电路，观察显示结果。

(4) 用两片 74LS90 组成两位十进制加法计数器，输入 1Hz 连续计数脉冲，进行由 00~99 累加计数，记录之。

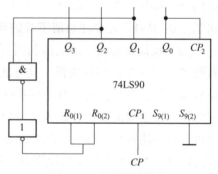

图 3-24 六进制计数器

(5) 设计一个数字钟秒位 60 进制计数器并进行实验。

E 实验预习要求

(1) 复习有关计数器的内容。

(2) 绘出各实验内容的详细线路图。

(3) 拟出各实验内容所需的测试记录表格。

(4) 查手册，给出并熟悉实验所用各集成块的引脚排列图。

F 注意事项

(1) 接插集成块时，要认清定位标记，不得插反。

(2) 电源电压使用范围为 +4.5~+5.5V 之间，实验中要求使用 $V_{CC} = +5V$。电源极性绝对不允许接错。

(3) 输出端不允许并联使用（集电极开路门（OC）和三态输出门电路（3S）除外）。否则不仅会使电路逻辑功能混乱，并会导致器件损坏。

（4）输出端不允许直接接地或直接接+5V电源，否则将损坏器件，有时为了使后级电路获得较高的输出电平，允许输出端通过电阻 R 接至 V_{CC}，一般取 $R=3\sim 5.1\text{k}\Omega$。

（5）级联芯片实现多位计数功能时芯片之间的连接关系。

G 思考题

（1）在采用中规模集成计数器构成 N 进制计数器时，常采用哪两种方法，二者有何区别？

（2）如果只用一块 74LS90（不用与非门）如何实现六进制计数器？

H 实验报告

（1）画出实验线路图，记录、整理实验现象及实验所得的有关波形，并对实验结果进行分析。

（2）总结使用集成计数器的体会。

3.5 实验5 555定时器应用实验
(Introduction to 555 timer and application)

A 实验目的

（1）熟悉555型集成时基电路结构、工作原理及其特点。

（2）掌握555型集成时基电路的基本应用。

B 实验原理

集成时基电路又称为集成定时器或555电路，是一种数字、模拟混合型的中规模集成电路，应用十分广泛。它是一种产生时间延迟和多种脉冲信号的电路，由于内部电压标准使用了三个 5kΩ 电阻，故取名 555 电路。其电路类型有双极型和 CMOS 型两大类，二者的结构与工作原理类似。几乎所有的双极型产品型号最后的三位数码都是 555 或 556；所有的 CMOS 产品型号最后四位数码都是 7555 或 7556，二者的逻辑功能和引脚排列完全相同，易于互换。555 和 7555 是单定时器。556 和 7556 是双定时器。双极型的电源电压 $V_{CC}=+5\sim +15\text{V}$，输出的最大电流可达 200mA，CMOS 型的电源电压为 $+3\sim +18\text{V}$。

1. 555电路的工作原理

555电路的内部电路方框图如图3-25所示。它含有两个电压比较器，一个基本 RS 触发器，一个放电开关管 T，比较器的参考电压由三只 5kΩ 的电阻器构成的分压器提供。它们分别使高电平比较器 A_1 的同相输入端和低电平比较器 A_2 的反相输入端的参考电平为 $\frac{2}{3}V_{CC}$ 和 $\frac{1}{3}V_{CC}$。A_1 与 A_2 的输出端控制 RS 触发器状态和放电管开关状态。当输入信号自 6 脚，即高电平触发输入并超过参考电平 $\frac{2}{3}V_{CC}$ 时，触发器复位，555 的输出端 3 脚输出低电平，同时放电开关管导通；当输入信号自 2 脚输入并低于 $\frac{1}{3}V_{CC}$ 时，触发器置位，555 的 3 脚输出高电平，同时放电开关管截止。

$\overline{R}_D$ 是复位端（4脚），当 $\overline{R}_D=0$，555 输出低电平。平时 $\overline{R}_D$ 端开路或接 V_{CC}。

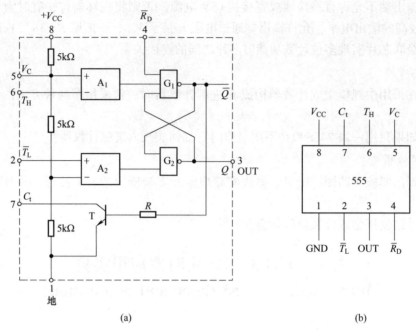

图 3-25　555 定时器内部框图及引脚排列

V_C 是控制电压端（5 脚），平时输出 $\frac{2}{3}V_{CC}$ 作为比较器 A_1 的参考电平，当 5 脚外接一个输入电压，即改变了比较器的参考电平，从而实现对输出的另一种控制，在不接外加电压时，通常接一个 0.01μF 的电容器到地，起滤波作用，以消除外来的干扰，以确保参考电平的稳定。

T 为放电管，当 T 导通时，将给接于脚 7 的电容器提供低阻放电通路。

555 定时器主要是与电阻、电容构成充放电电路，并由两个比较器来检测电容器上的电压，以确定输出电平的高低和放电开关管的通断。这就很方便地构成从微秒到数十分钟的延时电路，可方便地构成单稳态触发器、多谐振荡器、施密特触发器等脉冲产生或波形变换电路。

2. 555 定时器的典型应用

（1）构成单稳态触发器。图 3-26（a）为由 555 定时器和外接定时元件 R、C 构成的单稳态触发器。触发电路由 C_1、R_1、D 构成，其中 D 为钳位二极管，稳态时 555 电路输入端处于电源电平，内部放电开关管 T 导通，输出端 F 输出低电平，当有一个外部负脉冲触发信号经 C_1 加到 2 端。并使 2 端电位瞬时低于 $\frac{1}{3}V_{CC}$，低电平比较器动作，单稳态电路即开始一个暂态过程，电容 C 开始充电，V_C 按指数规律增长。当 V_C 充电到 $\frac{2}{3}V_{CC}$ 时，高电平比较器动作，比较器 A_1 翻转，输出 V_o 从高电平返回低电平，放电开关管 T 重新导通，电容 C 上的电荷很快经放电开关管放电，暂态结束，恢复稳态，为下个触发脉冲的来到做好准备。波形图如图 3-26（b）所示。

暂稳态的持续时间 t_w（即为延时时间）取决于外接元件 R、C 值的大小。

3.5 实验 5 555 定时器应用实验（Introduction to 555 timer and application）

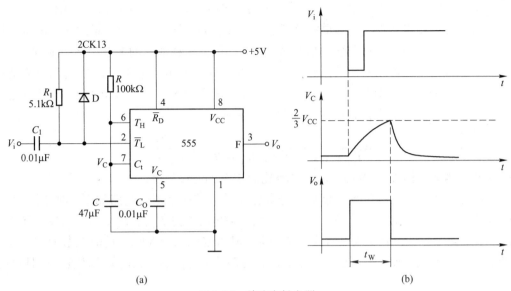

(a)   (b)

图 3-26 单稳态触发器

$$t_w = 1.1RC$$

通过改变 R、C 的大小，可使延时时间在几个微秒到几十分钟之间变化。当这种单稳态电路作为计时器时，可直接驱动小型继电器，并可以使用复位端（4 脚）接地的方法来中止暂态，重新计时。此外尚须用一个续流二极管与继电器线圈并接，以防继电器线圈反电势损坏内部功率管。

（2）构成多谐振荡器。如图 3-27（a），由 555 定时器和外接元件 R_1、R_2、C 构成多谐振荡器，脚 2 与脚 6 直接相连。电路没有稳态，仅存在两个暂稳态，电路亦不需要外加触发信号，利用电源通过 R_1、R_2 向 C 充电，以及 C 通过 R_2 向放电端 C_t 放电，使电路产生振荡。电容 C 在 $\frac{1}{3}V_{CC}$ 和 $\frac{2}{3}V_{CC}$ 之间充电和放电，其波形如图 3-27（b）所示。输出信号的时间参数是

$$T = t_{w1} + t_{w2}, \quad t_{w1} = 0.7(R_1 + R_2)C, \quad t_{w2} = 0.7R_2C$$

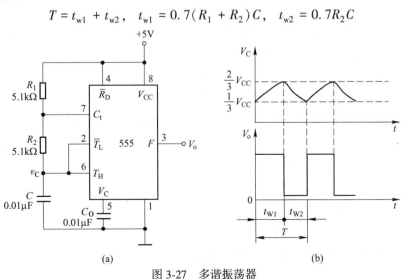

(a)   (b)

图 3-27 多谐振荡器

555电路要求 R_1 与 R_2 均应大于或等于 $1\text{k}\Omega$，但 R_1+R_2 应小于或等于 $3.3\text{M}\Omega$。

外部元件的稳定性决定了多谐振荡器的稳定性，555定时器配以少量的元件即可获得较高精度的振荡频率和具有较强的功率输出能力。因此这种形式的多谐振荡器应用很广。

(3) 组成占空比可调的多谐振荡器。电路如图3-28所示，它比图3-27所示电路增加了一个电位器和两个导引二极管。D_1、D_2 用来决定电容充、放电电流流经电阻的途径（充电时 D_1 导通，D_2 截止；放电时 D_2 导通，D_1 截止）。

占空比 $$P = \frac{t_{w1}}{t_{w1}+t_{w2}} \approx \frac{0.7R_A C}{0.7C(R_A+R_B)} = \frac{R_A}{R_A+R_B}$$

可见，若取 $R_A = R_B$ 电路即可输出占空比为50%的方波信号。

(4) 组成占空比连续可调并能调节振荡频率的多谐振荡器。电路如图3-29所示。对 C_1 充电时，充电电流通过 R_1、D_1、R_{W2} 和 R_{W1}；放电时通过 R_{W1}、R_{W2}、D_2、R_2。当 $R_1 = R_2$、R_{W2} 调至中心点，因充放电时间基本相等，其占空比约为50%，此时调节 R_{W1} 仅改变频率，占空比不变。如 R_{W2} 调至偏离中心点，再调节 R_{W1}，不仅振荡频率改变，而且对占

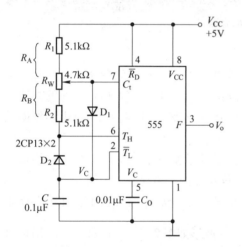

图3-28 占空比可调的多谐振荡器

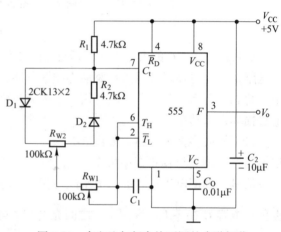

图3-29 占空比与频率均可调的多谐振荡

空比也有影响。R_{W1} 不变，调节 R_{W2}，仅改变占空比，对频率无影响。因此，当接通电源后，应首先调节 R_{W1} 使频率至规定值，再调节 R_{W2}，以获得需要的占空比。若频率调节的范围比较大，还可以用波段开关改变 C_1 的值。

(5) 组成施密特触发器。电路如图3-30所示，只要将脚2、6连在一起作为信号输入端，即得到施密特触发器。图3-31示出了 v_s、v_i 和 v_o 的波形图。

设被整形变换的电压为正弦波 v_s，其正半波通过二极管D同时加到555定时器的2脚和6脚，得 v_i 为半波整流波形。当 v_i 上升到 $\frac{2}{3}V_{CC}$

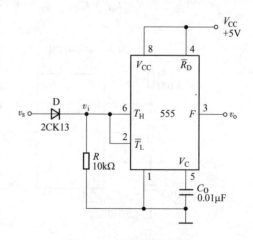

图3-30 施密特触发器

3.5 实验 5 555 定时器应用实验（Introduction to 555 timer and application）

时，v_o 从高电平翻转为低电平；当 v_i 下降到 $\frac{1}{3}V_{CC}$ 时，v_o 又从低电平翻转为高电平。电路的电压传输特性曲线如图 3-32 所示。

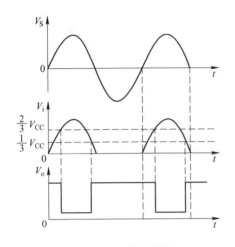

图 3-31 波形变换图   图 3-32 电压传输特性

回差电压 $$\Delta V = \frac{2}{3}V_{CC} - \frac{1}{3}V_{CC} = \frac{1}{3}V_{CC}$$

C 实验设备与器件

(1) +5V 直流电源；
(2) 双踪示波器；
(3) 连续脉冲源；
(4) 单次脉冲源；
(5) 音频信号源；
(6) 数字频率计；
(7) 逻辑电平显示器；
(8) 555×2、2CK13×2、电位器、电阻和电容若干。

D 实验内容与步骤

1. 单稳态触发器

(1) 按图 3-26 连线，取 $R = 100\text{k}\Omega$，$C = 47\mu\text{F}$，输入信号 v_i 由单次脉冲源提供，用双踪示波器观测 v_i、v_C、v_o 波形。测定幅度与暂稳时间。

(2) 将 R 改为 $1\text{k}\Omega$，C 改为 $0.1\mu\text{F}$，输入端加 1kHz 的连续脉冲，观测波形 v_i、v_C、v_o，测定幅度及暂稳时间。

2. 多谐振荡器

(1) 按图 3-27 接线，用双踪示波器观测 v_C 与 v_o 的波形，测定频率。

(2) 按图 3-28 接线，组成占空比为 50% 的方波信号发生器。观测 v_C、v_o 波形，测定波形参数。

(3) 按图 3-29 接线，通过调节 R_{W1} 和 R_{W2} 来观测输出波形。

3. 施密特触发器

按图3-30接线，输入信号由音频信号源提供，预先调好v_s的频率为1kHz，接通电源，逐渐加大v_s的幅度，观测输出波形，测绘电压传输特性，算出回差电压ΔU。

4. 模拟声响电路

按图3-33接线，组成两个多谐振荡器，调节定时元件，使Ⅰ输出较低频率，Ⅱ输出较高频率，连好线，接通电源，试听音响效果。调换外接阻容元件，再试听音响效果。

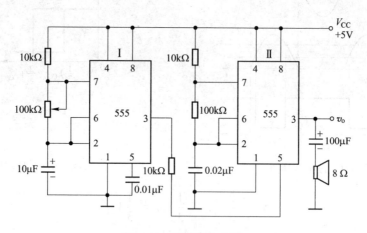

图3-33 模拟声响电路

E 实验预习要求

（1）复习有关555定时器的工作原理及其应用。
（2）拟定实验中所需的数据、表格等。
（3）如何用示波器测定施密特触发器的电压传输特性曲线？
（4）拟定各次实验的步骤和方法。

F 注意事项

（1）接插集成块时，要认清定位标记，不得插反。
（2）电源电压使用范围为+4.5～+5.5V之间，实验中要求使用V_{CC} = +5V。电源极性绝对不允许接错。
（3）输出端不允许并联使用（集电极开路门（OC）和三态输出门电路（3S）除外）。否则不仅会使电路逻辑功能混乱，并会导致器件损坏。
（4）输出端不允许直接接地或直接接+5V电源，否则将损坏器件，有时为了使后级电路获得较高的输出电平，允许输出端通过电阻R接至V_{CC}，一般取R = 3～5.1kΩ。
（5）单稳态触发器的输入信号频率控制在500Hz左右。
（6）施密特触发器的输入信号v_s的有效值为5V左右。

G 思考题

（1）在555定时器构成的多谐振荡器中，其振荡周期和占空比的改变与哪些参数有关？若只需改变周期，而不改变占空比应调整哪个元件参数？

(2) 555 定时器构成的单稳态触发器的输出脉宽和周期由什么决定？

(3) 为什么单稳态触发器要求输入触发信号的负脉冲宽度一定要小于输出信号的脉冲宽度？若输入触发信号的负脉冲宽度大于输出信号的脉冲宽度，该如何解决？

H 实验报告

(1) 绘出详细的实验线路图，定量绘出观测到的波形。

(2) 分析、总结实验结果。

3.6 实验 6 三人多数表决电路的设计实验
（Designing a majority voting circuits with 3 inputs）

A 设计目的

(1) 掌握用门电路设计组合逻辑电路的方法。

(2) 掌握用中规模集成组合逻辑芯片设计组合逻辑电路的方法。

(3) 使同学们能够根据给定的题目，用几种方法设计电路。

B 设计要求

(1) 用三种方法设计三人多数表决电路。

(2) 分析各种方法的优点和缺点。

(3) 思考四人多数表决电路的设计方法。

要求用三种方法设计一个三人多数表决电路。要求自拟实验步骤，用所给芯片实现电路。

C 参考电路

设按键同意灯亮为输入高电平（逻辑为1），否则，不按键同意 为输入低电平（逻辑为0）。输出逻辑为 1 表示赞成；输出逻辑为 0 表示表示反对。

根据题意和以上设定，列逻辑状态表如表 3-15 所示。

表 3-15

A	B	C	F
0	0	0	0
0	0	1	0
0	1	0	0
0	1	1	1
1	0	0	0
1	0	1	1
1	1	0	1
1	1	1	1

(1) 写出表达式

$$Y = \overline{A}BC + A\overline{B}C + AB\overline{C} + ABC$$

（2）化简 Y。利用卡诺图化简 Y

$$Y = AB + BC + AC$$

由于题意指定用与非门，故变换表达式 Y 成与非形式

$$Y = \overline{\overline{AB} \cdot \overline{BC} \cdot \overline{AC}}$$

画出逻辑电路，如图 3-34 所示。

经常用来设计组合逻辑电路的 MSI 芯片主要是：译码器和数据选择器。设计步骤前几步同上，写出的逻辑函数表达式可以不化简，直接用最小项之和的形式，然后根据题目要求选择合适的器件，并且画出原理图实现。

D　实验设备与器件

本实验的设备和器件如下：

实验设备：数字逻辑实验箱、逻辑笔、万用表及工具；

实验器件：74LS00、74LS20、74LS138、74LS153 等。

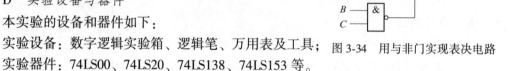

图 3-34　用与非门实现表决电路

E　实验报告要求

（1）写出具体设计步骤，画出实验线路。

（2）根据实验结果分析各种设计方法的优点及使用场合。

3.7　实验 7　多路智力抢答装置的设计实验
（Designing multichannel intelligence contest responder）

A　实验目的

（1）学习数字电路中 D 触发器、分频电路、多谐振荡器、CP 时钟脉冲源等单元电路的综合运用。

（2）熟悉多路智力抢答装置的工作原理。

（3）了解简单数字系统实验、调试及故障排除方法。

B　实验原理

图 3-35 为供四人用的智力抢答装置线路，用以判断抢答优先权。

图中 F_1 为四 D 触发器 74LS175，它具有公共置 0 端和公共 CP 端；F_2 为双 4 输入与非门 74LS20；F_3 是由 74LS00 组成的多谐振荡器；F_4 是由 74LS74 组成的四分频电路，F_3、F_4 组成抢答电路中的 CP 时钟脉冲源，抢答开始时，由主持人清除信号，按下复位开关 S，74LS175 的输出 $Q_1 \sim Q_4$ 全为 0，所有发光二极管 LED 均熄灭，当主持人宣布"抢答开始"后，首先作出判断的参赛者立即按下开关，对应的发光二极管点亮，同时，通过与非门 F_2 送出信号锁住其余三个抢答者的电路，不再接受其他信号，直到主持人再次清除信号为止。

C　实验设备与器件

（1）+5V 直流电源；

（2）逻辑电平开关；

（3）逻辑电平显示器；

3.7 实验7 多路智力抢答装置的设计实验（Designing multichannel intelligence contest responder）

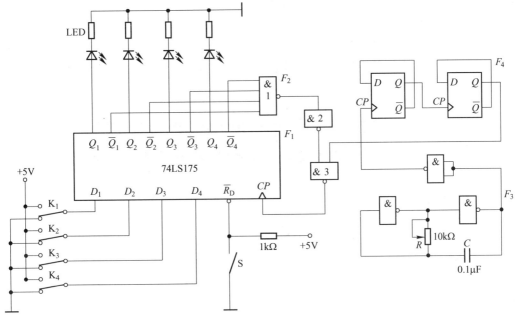

图 3-35 智力抢答装置原理图

(4) 双踪示波器；

(5) 数字频率计；

(6) 直流数字电压表；

(7) 74LS175、74LS20、74LS74 和 74LS00。

D 实验内容与步骤

(1) 测试各触发器及各逻辑门的逻辑功能。

(2) 按图 3-35 接线，抢答器五个开关接实验装置上的逻辑开关、发光二极管接逻辑电平显示器。

(3) 断开抢答器电路中 CP 脉冲源电路，单独对多谐振荡器 F_3 及分频器 F_4 进行调试，调整多谐振荡器 $10\text{k}\Omega$ 电位器，使其输出脉冲频率约 4kHz，观察 F_3 及 F_4 输出波形及测试其频率。

(4) 试抢答器电路功能。接通+5V 电源，CP 端接实验装置上连续脉冲源，取重复频率约 1kHz。

1) 抢答开始前，开关 K_1、K_2、K_3、K_4 均置 "0"，准备抢答，将开关 S 置 "0"，发光二极管全熄灭，再将 S 置 "1"。抢答开始，K_1、K_2、K_3、K_4 某一开关置 "1"，观察发光二极管的亮、灭情况，然后再将其他三个开关中任一个置 "1"，观察发光二极管的亮、灭有否改变。

2) 重复 1) 的内容，改变 K_1、K_2、K_3、K_4 任一个开关状态，观察抢答器的工作情况。

3) 整体测试。断开实验装置上的连续脉冲源，接入 F_3 及 F_4，再进行实验。

E 实验预习要求

若在图 3-35 电路中加一个计时功能，要求计时电路显示时间精确到秒，最多限制为

2min，一旦超出限时，则取消抢答权，电路如何改进？

F　实验报告

（1）分析智力抢答装置各部分功能及工作原理。

（2）总结数字系统的设计、调试方法。

（3）分析实验中出现的故障及解决办法。

3.8　实验 8　序列脉冲检测器的设计实验
（Designing a sequence detector）

A　设计目的

（1）学习时序逻辑电路的设计与调试方法。

（2）了解序列脉冲发生器和序列脉冲检测器的功能区别及设计方法。

B　实验原理

（1）序列检测器在数据通信、雷达和遥测等领域中用于检测同步识别标志。它是一种用来检测一组或多组序列信号的电路。例如检测器收到一组指定的串行码后，输出标志 1，否则，输出 0。检测器每收到一个符合要求的串行码就需要用一个状态进行记忆。若要检测的串行码长度为 N 位，则需要 N 个状态；另外，还需要增加一个"未收到一个有效位"的初始状态，共 $N+1$ 个状态。

（2）序列发生器用于产生一个指定序列串，与序列检测器类似，每产生一个符合要求的串行码就需要用一个状态进行记忆。若要产生的串行码长度为 N 位，则需要 N 个状态；另外，还需要增加一个"未产生一个有效位"的初始状态，共 $N+1$ 个状态。

（3）进行序列发生器或者序列检测器的设计，首先按要求画出状态转换图（表），然后按照实现方案采用经典设计方法或者 VHDL 语言完成设计。

C　设计要求及技术指标

（1）设计一个序列脉冲检测器，当连续输入信号 110 时，该电路输出为 1，否则输出为 0。

（2）确定合理的总体方案。对各种方案进行比较，以电路的先进性、结构的繁简、成本的高低及制作的难易等方面作综合比较。自拟设计步骤，写出设计过程，选择合适的芯片，画出电路图。

（3）组成系统。在一定幅面的图纸上合理布局，通常是按信号的流向，采用左进右出的规律摆放各电路，并标出必要的说明。

注意：还需设计一个序列脉冲产生器，作为序列脉冲检测器的输入信号。

（4）用示波器观察实验中各点电路波形，并与理论值相比较，分析实验结论。

D　设计说明与提示

图 3-36 为串行输入序列脉冲检测器原理框图。它的功能是：对输入信号 X 逐位进行检测，若输入序列中出现"110"，当最后的"0"在输入端出现时，输出 Z 为"1"；若随后的输出信号序列仍为"110"，则输出端 Z 仍为"1"。其他情况下，输出端 Z 为"0"。其输入输出关系如下：

时钟 CP 12345678
输入 X   01101110
输出 Z   00010001

调试要点：

(1) 分块调试，即先调试出序列脉冲产生器的电路，再调试序列脉冲检测器的电路。

(2) 序列脉冲产生器和序列脉冲检测器应保证同步。

脉冲发生器电路的形式很多，为使电路简单化，可以用十进制计数器的最高位作为输出。

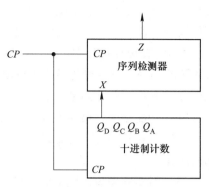

图 3-36 串行输入序列脉冲检测器原理框图

E 实验设备与器件

本实验的设备和器件如下：

实验设备：数字逻辑实验箱、双踪示波器、逻辑笔、万用表及工具；

实验器件：74LS00、74LS112、74LS290、555 定时器和电阻电容若干。

F 设计报告要求

(1) 画出总体原理图及总电路框图。

(2) 单元电路分析。

(3) 测试结果及调试过程中所遇到的故障分析。

3.9 实验 9 VHDL 语言初步实验（Introduction to VHDL）

A 实验目的

(1) 熟悉 MAX+plus Ⅱ 软件。

(2) 掌握简单的 VHDL 语言编程应用。

(3) 掌握用可编程逻辑器件设计组合逻辑电路的方法。

B 实验原理

MAX+plus Ⅱ 是 Altera 公司开发的一款完全集成化的 EDA 工具软件，它的升级版本是 Quartus Ⅱ 软件。设计输入常用的方法有：通过 Max+plus Ⅱ 图形编辑器，创建图形设计文件（gdf 文件）；通过 Max+plus Ⅱ 文本编辑器，使用 AHDL 语言，创建文本设计文件（.tdf）；使用 VHDL 语言，创建文本设计文件（.vhd）；使用 Verilog HDL 语言，创建文本设计文件（.v），还可以通过 Max+plus Ⅱ 波形编辑器，创建波形设计文件（.wdf）。

本次设计采用 EDA 常用工具软件 MAX+plus Ⅱ 10.0 Baseline，这是 Altera 公司为支持教育，专门为大学提供的学生版软件，其在功能上与商业版类似，仅在可使用的芯片上受到限制。它的界面友好，在线帮助完备，初学者也可以很快学习掌握，完成高性能的数字逻辑设计。另外，在进行原理图输入时，可以采用软件中自带的 74 系列逻辑库，所以对于初学者来说，即使不使用 Altera 的可编程器件，也可以把 MAX+plus Ⅱ 作为逻辑仿真工具，不用搭建硬件电路，即可对自己的设计进行调试，验证。本实验主要学习其使用操作方法并结合具体设计实例练习 MAX+plusⅡ的使用。本实验采用文本输入法进行设计，用硬件描述语言 VHDL 语言对常见数字电路进行设计及仿真。

　　VHDL 在设计过程中，采用自顶向下的方法，首先从系统设计入手，在顶层进行功能方框图的划分，然后对各模块进行设计并仿真，再进一步综合进行门级仿真，如果没有错误即可以下载，最后实现电路。VHDL 的优点如下：

　　（1）功能强大，描述力强。可用于门级、电路级甚至系统级的描述、仿真和设计；

　　（2）可移植性好。对于设计和仿真工具采用相同的描述，对于不同的平台也采用相同的描述；

　　（3）研制周期短，成本低。这主要是由 VHDL 支持大模块设计的功能，结合对已有设计的利用，因此加快了设计流程；

　　（4）可以延长设计的生命周期。因为 VHDL 的硬件描述与工艺技术无关，不会因工艺变化而使描述过时，VHDL 具有电路仿真与验证功能，可以保证设计的正确性，用户甚至不用编写如何测试相量便可以进行源代码级的调试，而且设计者可以非常方便地比较各种方案之间的可行性及其劣势，不需做任何实际形式的电路实验；

　　（5）VHDL 对设计的描述具有相对独立性，设计者可以不懂硬件的结构，也不必管最终设计实现的目标器件是什么，就能进行独立的设计；

　　（6）VHDL 语言标准、规范，易于共享和复用。

　　一个完整的 VHDL 程序是由以下五部分组成的：

　　库（LIBRARY）：储存预先已经写好的程序和数据的集合；

　　程序包（PACKAGE）：声明在设计中将用到的常数、数据类型、元件及子程序；

　　实体（ENTITY）：声明到其他实体或其他设计的接口，即定义本定义的输入输出端口；

　　构造体（ARCHITECTUR）：定义实体的实现，电路的具体描述；

　　配置（CONFIGURATION）：一个实体可以有多个构造体，可以通过配置来为实体选择其中一个构造体。

　　C　实验预习要求

　　（1）结合理论教材预习实验中所用软件的使用方法。

　　（2）复习实验所用芯片的结构图、管脚图和功能表。

　　（3）复习实验所用的相关设计原理。

　　（4）按要求设计实验中的电路。

　　D　实验仪器及设备

　　（1）PC 计算机；

　　（2）MAX+plusⅡ开发软件。

　　E　实验内容

　　学生上机操作结合教师讲解学习 MAX+plusⅡ的使用方法。

　　（1）设计输入。将所设计的数字逻辑以某种方式输入到计算机中。

　　1）原理图输入方式。学习要点：元器件的放置、连线，电源、地的表示，标号的使用，输入/输出的设置，总线的使用，各种器件库的使用。

2）文本输入方式（VHDL 语言）。学习要点：VHDL 语言的扩展名必须为 vhd；VHDL 的文件名必须与实体的名字一致；VHDL 的源程序要放在某个指定的文件夹中。

文件存盘完毕以后务必将工程设置为当前文件。

①File→Project→Set Project to current File。

②设计校验。检查第一步中的设计输入是否有错误（连线或者语法类错误），Project⇒Start Compilation（Ctrl+L），若有错误则根据错误提示找出并修改错误，无错执行下一步。

③功能仿真。在进行功能仿真之前应先对当前工程进行编译（Project=>Start Compilation（Ctrl+L）），然后建立仿真波形文件，设定好待观察的输入/输出之后进行功能仿真，仿真结果正确进行下一步，否则返回，对第一步中的逻辑设计进行修改后重新进行上述步骤。

④管脚锁定。管脚锁定之前应首先选择器件的型号，例如选择 Assign->Device，在弹出窗口中选择 MAX7000 系列的 EPM7128SLC84-10，确认选定器件之后对工程重新编译。

⑤重新编译及布局、布线。管脚锁定完毕后重新编译。

⑥下载/编程。选择 MAX+plus Ⅱ→Programmer，再选择 Options->Hardware Setup，配置硬件，用 Altera 的 ByteBlaster 下载电缆将编程文件.pof 从电脑的并行口直接写入器件。这时，确认硬件正确连接，目标板电源打开，按下 Program 即可开始对目标板上的 EPLD 进行编程了。

（2）用 VHDL 语言设计一个能实现二输入的与门电路。

1）写出逻辑设计过程及相关表达式；

2）画出逻辑电路图；

3）基于 MAX+plus Ⅱ 软件验证逻辑功能。

（3）用 VHDL 语言设计一个能实现两个一位二进制数相加的全加器电路。

1）写出逻辑设计过程及相关表达式；

2）画出逻辑电路图；

3）基于 MAX+plus Ⅱ 软件验证逻辑功能。

（4）用 VHDL 语言设计一个能实现异步清零上升沿触发的 D 触发器电路。

1）写出逻辑设计过程及相关表达式；

2）画出逻辑电路图；

3）基于 MAX+plus Ⅱ 软件验证逻辑功能。

F　实验报告要求与思考题

（1）总结 MAX+plus Ⅱ 的使用步骤及各步骤的作用。

（2）结合实验总结基于 PLD（可编程逻辑器件）设计组合逻辑的方法。

（3）如何利用 MAX+plus Ⅱ 验证一个逻辑设计？

3.10　实验 10　秒表电路设计实验
（Designing a stopwatch）

A　实验目的

（1）学习数字电路中 JK 触发器、时钟发生器及计数、译码显示等单元电路的综合应用。

(2) 学习电子秒表的调试方法。

B 实验要求

(1) 设计一个秒表，秒表的计时范围为 000~999s。有一个按钮开关，控制秒表的计数、停止、复位。

(2) 在秒表已经被复位的情况下，按下按钮，秒表开始计时。

(3) 在秒表正常运行的情况下，如果再按下按钮，则秒表暂停计时。

(4) 再次按下按钮，秒表清零复位。

C 问题分析

根据题目要求，电路应由四个部分组成，如图 3-37 所示。

脉冲产生电路的作用是发出标准的秒脉冲信号供计数模块计数，这部分电路可以用 555 定时器来实现。控制电路的主要目的是使秒表在三种工作模式下转换。由于电路要记录前一种工作状态，所以这是一个时序逻辑电路构成的控制电路，可以用触发器来实现。

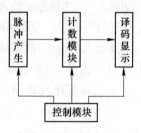

图 3-37 秒表框图

D 实验设备

(1) +5V 直流电源；

(2) 双踪示波器；

(3) 直流数字电压表；

(4) 数字频率计；

(5) 单次脉冲源；

(6) 连续脉冲源；

(7) 逻辑电平开关；

(8) 逻辑电平显示器；

(9) 译码显示器；

(10) 74LS00×2、555×1、74LS90×3 和 74LS112、电位器、电阻和电容若干。

E 预习要求

(1) 复习数字电路中 JK 触发器、时钟发生器及计数器等内容。

(2) 设计电路并用仿真软件验证设计正确性。

(3) 列出电子秒表单元电路的测试表格。

(4) 列出调试电子秒表的步骤。

F 实验内容与步骤

实验时，应按照实验任务的次序，将各单元电路逐个进行接线和调试。

(1) 控制电路（JK 触发器）的测试。测试方法为：加三个单脉冲，看是否完成三个有效状态的一次循环。

(2) 时钟发生器的测试。测试方法参考有关实验，用示波器观察输出电压波形并测量其频率，调节 R_W，使输出矩形波频率为 50Hz。

(3) 计数器的测试。

1) 建议计数器选用 74LS90 芯片，芯片采用 8421 码十进制计数方式，注意时钟脉冲

3.10 实验10 秒表电路设计实验（Designing a stopwatch）

的连接方式。

2）计数器的控制端应与控制电路的输出相连，计数功能完成后应连接控制电路验证控制电路对计数器的控制是否达到设计要求。

电子秒表的整体测试：各单元电路测试正常后，按设计图把几个单元电路连接起来，进行电子秒表的总体测试。

加三个单脉冲，观察是否工作在三个有效循环状态（清零、计数、停止）。

注意：三个有效循环状态的顺序不能错。

（4）电子秒表准确度的测试。利用电子钟或手表的秒计时对电子秒表进行校准。

G 实验报告

总结电子秒表整个设计和调试过程。

常用电子仿真软件介绍

(Introduction to Simulation Software)

4.1 Multisim 软件

4.1.1 Multisim 软件运行环境

Multisim 软件是一款专门用于电子电路仿真与设计的 EDA 工具软件。作为 Windows 下运行的个人桌面电子设计工具，Multisim 是一个完整的集成化设计环境。Multisim 计算机仿真与虚拟仪器技术可以很好地解决理论教学与实际动手实验相脱节的这一问题。学员可以很方便地把刚刚学到的理论知识用计算机仿真真实地再现出来，并且可以用虚拟仪器技术创造出真正属于自己的仪表。Multisim 软件绝对是电子学教学的首选软件工具。Multisim 软件的窗口如图 4-1 所示。

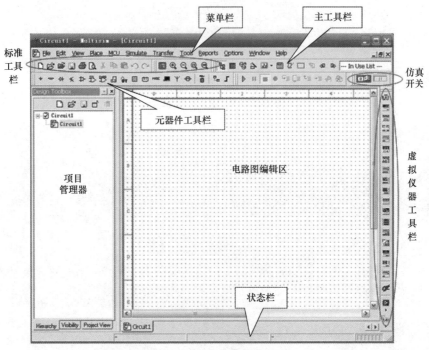

图 4-1 Multisim 软件窗口

4.1.2 Multisim 仿真步骤

Multisim 仿真的基本步骤为：

(1) 建立电路文件；
(2) 放置元器件和仪表；
(3) 元器件编辑；
(4) 连线和进一步调整；
(5) 电路仿真；
(6) 输出分析结果。

4.1.3 仿真设计实例

(1) 差分输入比例运算电路仿真电路（图4-2）。

反相输入端接一个10kΩ电阻R_1，然后连接电源U_{I1}，之后接地，且与输出端间再接一个20kΩ的电阻R_F。同相输入端接一个20kΩ电阻R_3，然后接地，再接一个10kΩ电阻R_2，接电源U_{I2}然后接地。且测量输出端电压U_O。

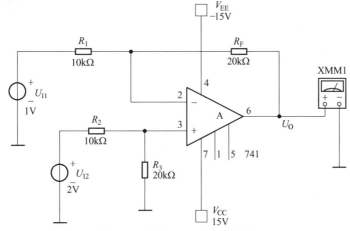

图 4-2 差分输入比例运算电路

(2) 差分输入比例运算电路理论分析及计算。

在理想条件下，由于"虚断"，$i_+ = i_- = 0$，利用叠加定理可求得反相输入端的电位为

$$u_- = \frac{R_F}{R_1 + R_F} u_{I1} + \frac{R_1}{R_1 + R_F} u_O$$

而同相输入端的电位为

$$u_+ = \frac{R_3}{R_2 + R_3} u_{I2}$$

因为"虚短"，即$u_- = u_+$，所以

$$\frac{R_F}{R_1 + R_F} u_{I1} + \frac{R_1}{R_1 + R_F} u_O = \frac{R_3}{R_2 + R_3} u_{I2}$$

当满足条件$R_1 = R_2$，$R_F = R_3$时，整理上式，可得差分比例运算电路的输出输入关系为

$$u_O = \frac{R_F}{R_1}(u_{I2} - u_{I1})$$

在电路元件参数对称的条件下,差分比例运算电路的差模输入电阻为
$$R_1 = 2R_1$$
(3) 用 Multisim 仿真图 4-2 电路,并分析仿真结果。具体步骤如下:

1) 建立电路文件。打开 Multisim 时自动打开空白电路文件 Circuit1,保存时可以重新命名并保存在选择的目录下,见图 4-3。

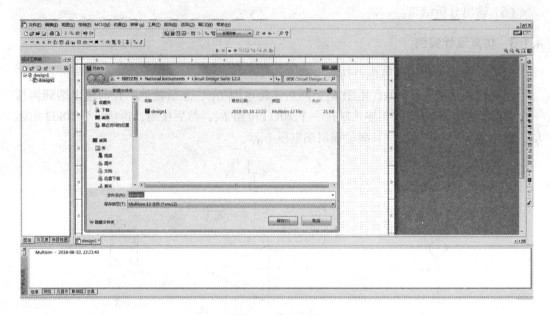

图 4-3　建立文件

2) 放置元器件和仪表。

①放置+15V 和-15V 电源。放置电源见图 4-4。

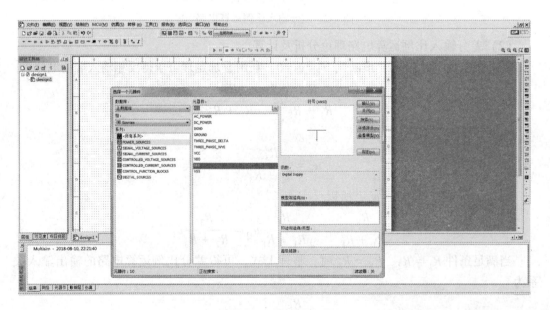

图 4-4　放置电源

然后点击默认值修改为设计的电压值。
②放置电阻。放置电阻见图 4-5。

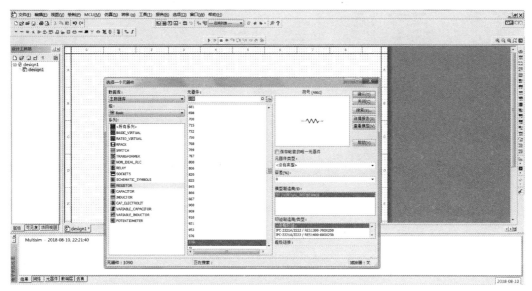

图 4-5　放置电阻

然后点击默认值修改为设计的电阻值。
③放置运算放大器。放置运算放大器见图 4-6。

图 4-6　放置运算放大器

④放置万用表。点击"仿真"—"仪器"—"万用表",见图 4-7。
⑤在需要放置地的地方放置地,方法和放置电源的方法类似。
3) 点击仿真运行键,然后点开万用表观察结果,见图 4-8。
4) 改变电路中的参数(如电阻的阻值),并分析数据。

4 常用电子仿真软件介绍 (Introduction to Simulation Software)

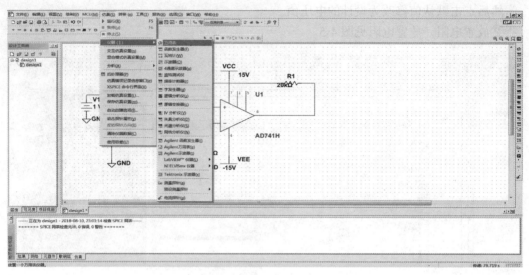

图 4-7 放置万用表

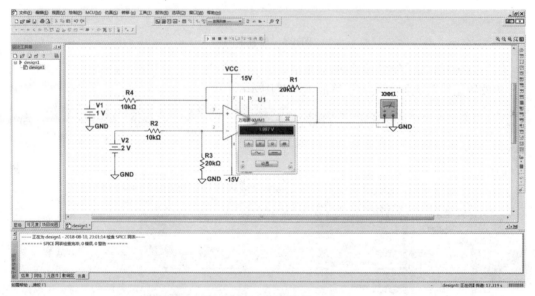

图 4-8 仿真结果

4.2 Max+plus Ⅱ 软件

本节将介绍常用仿真工具软件 Max+plus Ⅱ 的基本使用方法。读者可在学习本书有关章节时，对所学的典型单元电路用 VHDL 进行设计描述，然后再利用 Max+plus Ⅱ 对该设计描述的 VHDL 程序进行编译，最后再对 Max+plus Ⅱ 生成的该单元的仿真模型进行功能仿真。

MAX+plus Ⅱ 是 Altera 公司开发的一款完全集成化的 EDA 工具软件，它的升级版本是 Quartus Ⅱ 软件。设计输入常用的设计输入的方法有：通过 Max+plus Ⅱ 图形编辑器，创建图形设计文件（gdf 文件）；通过 Max+plus Ⅱ 文本编辑器，使用 AHDL 语言，创建文本设计文件（.tdf）；使用 VHDL 语言，创建文本设计文件（.vhd）；使用 Verilog HDL 语言，创建文本设计文件（.v），还可以通过 Max+plus Ⅱ 波形编辑器，创建波形设计文件（.wdf）。它提供了全面的逻辑设计能力，从编辑、综合、布线到仿真、下载十分方便。

4.2.1 安装步骤

Max+plus Ⅱ 软件安装步骤如下：

（1）在光盘目录 maxplus10.2 下点击"setup.exe"文件启动安装，然后按提示向下进行；

（2）改变安装目录。缺省安装目录是 C 盘，如果你想安装在 D 盘，则在安装程序进行到如下界面时进行更改，点击"browse"，然后将 C 改为 D，则出现如图 4-9 所示界面。点击"OK"后，一直按提示进行，不要更改任何安装配置，则软件成功安装到 D 盘。

 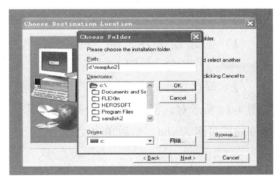

图 4-9　安装路径

（3）设置 license 文件。如果不设置 license 文件，则软件无法使用。

1）打开软件。点击【开始】-【程序】-【Altera】-【max+plus Ⅱ 10.0】打开软件，出现如图 4-10 所示界面，选【是】，则软件被打开。

2）指定 license 文件的路径和文件名。点击菜单"option/license setup"，如图 4-11 所示，然后点击"browse"，指定 license 文件的路径和文件名（图 4-12），license 文件即是 license.dat 文件，选中后，点击"OK"，则 license 设置成功。

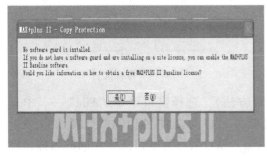 

图 4-10　选择界面　　　　　　　　　　图 4-11　设置授权

4 常用电子仿真软件介绍（Introduction to Simulation Software）

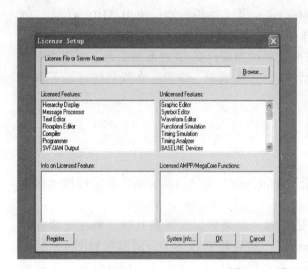 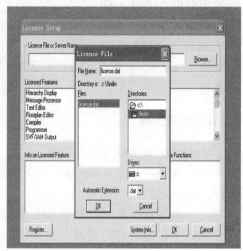

图 4-12　设置 license

4.2.2　设计举例

（1）创建新文件。在"File"菜单中选择"New"，或者点击 ▢，然后选择 ⦿ Text Editor file 打开它，如图 4-13 所示。

（2）保存文件。选择"File"菜单中的"Save AS"，也可单击工具栏中的 ▣，弹出如图 4-14 所示对话框。在 [File Name: and.vhd] 内填入文件名即可，注意：VHDL 设计文件的扩展名为 vhd，然后单击 [　OK　] 按钮确认。

 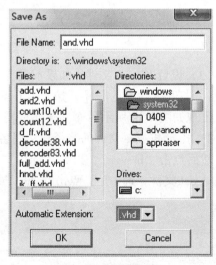

图 4-13　创建新文件　　　　　　图 4-14　保存文件

（3）指定项目名称与文件名相同（有两种方法）：选择窗口菜单"File"—"Project"—"Set Project to current File"，即设定项目名称与文件名相同；选择窗口菜单"File"-"Project"—"Name"，弹出对话框后输入项目名称与电路文件相同的名称，没有扩展名，然后单击 [　OK　] 按钮确认。

4.2 Max+plus II 软件

（4）程序编写。如图 4-15 所示，在该编辑框中编写程序。

图 4-15　程序编辑框

（5）保存并检查。点击选择"File"菜单中的"Save"，也可单击工具栏中的■。注意文件名必须与实体名相同，保存该文件的文件夹不能用中文命名，也不能为根目录。

（6）检查错误。点击选择"File"菜单中的"Compiler"进行编译，即可对电路设计文件进行检查，或选择窗口菜单"File"——"Project"——"Save&Check"，或者点击工作栏的■按钮，之后设计文件会自动保存并启动编译器窗口来检查设计中的基本错误，检查完会出现错误数目信息对话框如图 4-16 所示，若有错误则单击确定按钮，再针对"Massages Compiler"窗口所提供的信息作修改。

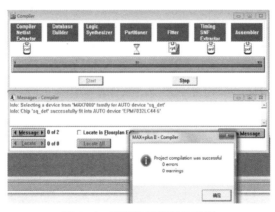

图 4-16　错误数目信息显示框

（7）创建并保存波形文件。在"File"菜单中选择"Wave Editor"波形编辑器，点击选择"File"菜单中的"Save"，也可单击工具栏中的■，在弹出的对话框相应位置填写波形文件名称，其应与相对应的文本文件及工程名称相同，其后缀为scf。

（8）将输出输入量导入波形文件编辑框中。在"Node"菜单中选择"Enter Nodes from SNF…"，弹出如图 4-17 所示的对话框，点击按钮"list"，在"Available Node&Groups"窗口选中需要的输入输出量之后，点击"Available Node&Groups"窗口右侧"⇒"按钮，如果误选了输入输出量可点击"Available Node&Groups"窗口右侧"⇐"按钮，然后单击 OK 按钮确认。

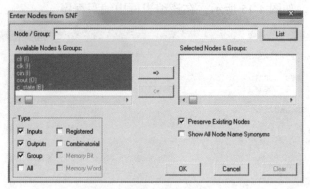

图 4-17　输出输入量导入

（9）进行仿真。根据编写的 VHDL 程序和对应的真值表，利用图 4-18 所示的波形文件左侧编辑器件对输入量进行对应修改，在"File"菜单中选择"Simulator"仿真器进行仿真，观察仿真波形是否符合程序的逻辑关系。例如：与逻辑仿真结果如图 4-19 所示，与逻辑满足"有零则零"，观察仿真波形满足要求，说明编写的程序符合与逻辑的要求。

（10）保存仿真波形文件。点击选择"File"菜单中的"Save"，也可单击工具栏中的 ![]。

图 4-18　波形文件编辑器

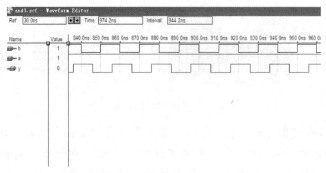

图 4-19　与逻辑仿真波形

4.3　Quartus Ⅱ 软件

Max + plus Ⅱ 是 Altera 的上一代 PLD 产品，因为它有很好的易用性，在工业市场中得到许多企业的应用。如今，Altera 停止了对 Max + plus Ⅱ 的更新，Altera 在 Quartus Ⅱ 中包含了许多诸如 SignalTap Ⅱ、Chip Editor 和 RTL Viewer 的设计辅助工具，在系统集成了 SOPC 和 HardCopy 的设计流程，系统在原有的功能上延续了 Max + plus Ⅱ 良好的图形界面及简便的使用方法。因此，Quartus Ⅱ 已经成为主流的设计软件，它的使用方法如下所述。

4.3.1 创建工程

运行 Quartus Ⅱ 软件，如图 4-20 所示。

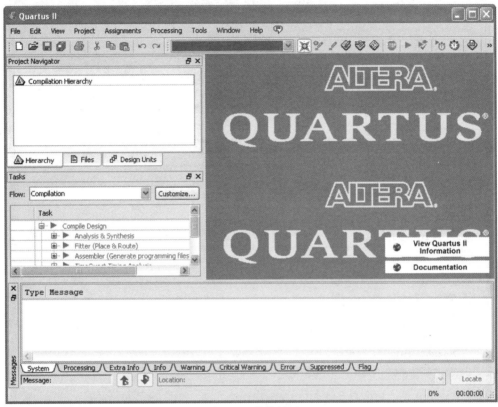

图 4-20 软件界面

（1）建立工程。点击"File"—"New Project Wizad"，即弹出对话框，点击"Next"，弹出"工程设置"对话框，如图 4-21 所示。

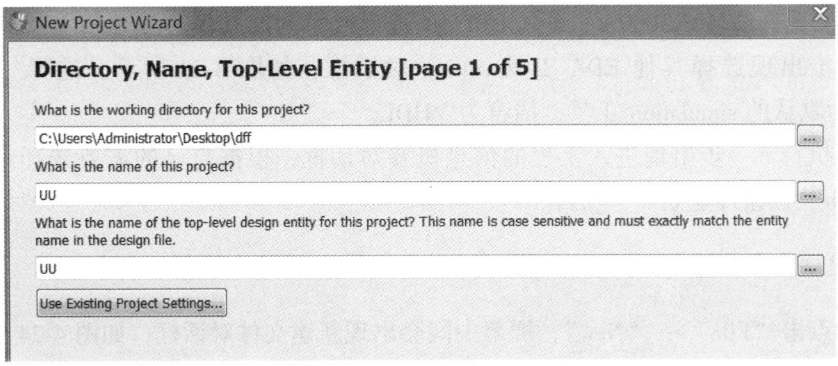

图 4-21 新建工程对话框

第一行是工程文件保存的文件夹，第二行是给工程命名，第三行就会提示工程名字应该与实体名（Entity）相同。单击此对话框最上一栏右侧的"…"按钮，在电脑中任意位置建一个存放工程的文件夹（存放位置根据个人喜好，路径不要出现中文），取名为 dff。在第二行和第三行中填写为"uu"，此处为工程名。

（2）选择 FPGA 器件的型号，如图 4-22 所示。

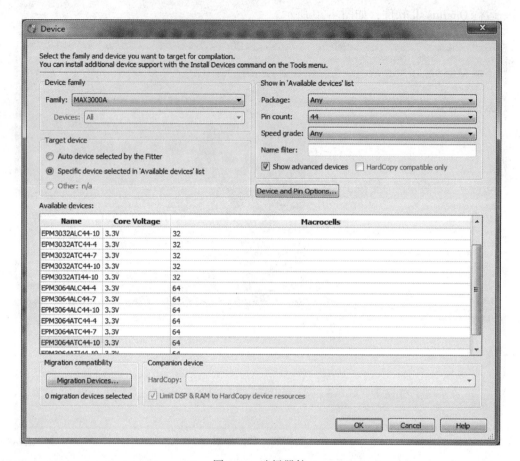

图 4-22　选择器件

在"Family"下拉框中，我们可以看到有各种系列的 CPLD 芯片系列，选择本系统提供的芯片。选择"MAX3000A"系列 CPLD，选择此系列的具体芯片"EPM3064ATC44"。执行下一步出现选择其他 EDA 工具 setting 对话框，如图 4-23 所示，选择"Modelsim Altera"为默认的 simulation 工具，语言为 VHDL。

（3）执行下一步出现进入工程的信息概要对话框，根据自己的需要选择编程语言，按"Finish"按钮即建立一个项目。

4.3.2　建立顶层文件

（1）点击"File"—"New"，屏幕中间会出现新建文件对话框，如图 4-24 所示。用 VHDL 编写代码选择"VHDL File"按"OK"即建立一个空的 VHDL 文件。

4.3 Quartus Ⅱ 软件

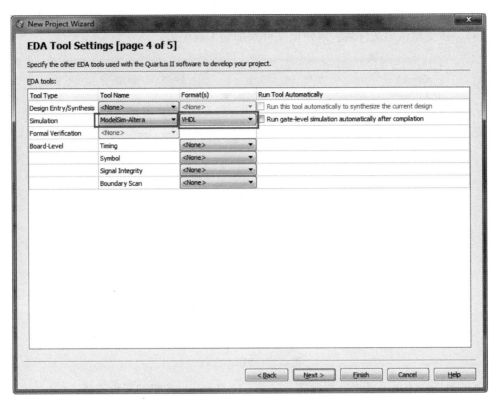

图 4-23 "setting" 对话框

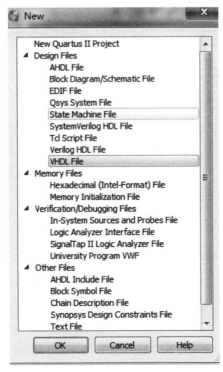

图 4-24 建立顶层文件

（2）按图 4-25 写入代码，这里我们选用 D 触发器为例，我们把它另存为（File—Save as），接受默认的文件名，以使该文件添加到工程中去。

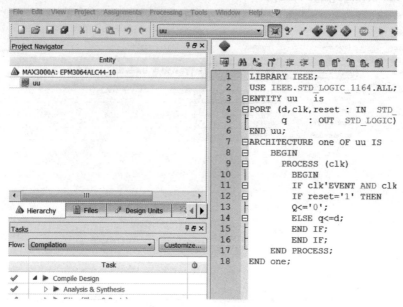

图 4-25　VHDL 文件

（3）编译。按主工具栏上的编译（start compilation）按钮即开始编译，"Message"窗口会显示一个报告，上面是编译结果，最后编译成功弹出提示，如图 4-26 所示。

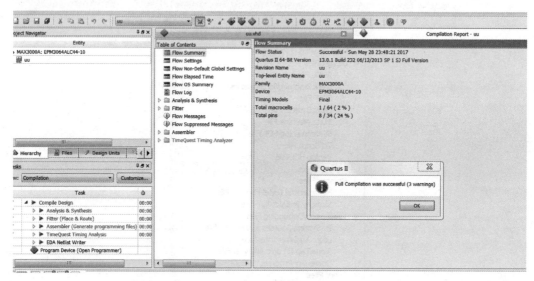

图 4-26　编译语句

4.3.3　仿真

对工程编译通过后，还应该对其功能性质和时序进行仿真，以确保设计编写结果符合设计要求。具体步骤如下：

4.3 Quartus Ⅱ软件

（1）利用 Quartus Ⅱ自带的仿真工具进行仿真。在编译成功后，新建波形编辑器，点击"New"—"File"—"University ProgramVWF"文件，如图 4-27 所示。

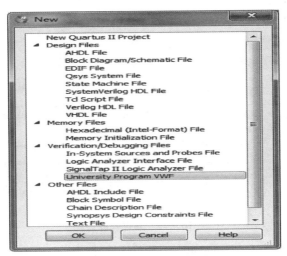

图 4-27　新建波形编辑器

上图中，鼠标点击"OK"按钮，那么就会出现空白的波形编辑器，系统的仿真时间设置在合理的区域上才能杜绝这种情况的发生。一般我们设置的时间范围在数 10μs 以内。

在"Edit"菜单中选择"Set End Time"项，在弹出的窗口中的"Time"栏处输入 50，单位选择"μs"，整个仿真域的时间即设定为 50μs，单击"OK"按钮，结束设置。

（2）文件保存。点击"File"中的"Save As"项，将波形文件存入文件夹中。

（3）为了能够把端口信号节点加入到波形编辑器中。首先选择"Edit"菜单中的"Insert"项的"Insert Node or bus..."选项（或在所建立波形文件左边空白处双击鼠标左键再选"Nodes Found"）。在"Filter"框中选择"Pins：all"，然后单击"List"按钮。这时在下方的"Nodes Found"窗口中出现之前在程序中所写入的所有端口，以及定义的端口名字。选中全部端口 a、b、y 分别加到右边波形编辑窗口，完成后关闭"Nodes Found"窗口，如图 4-28 所示。

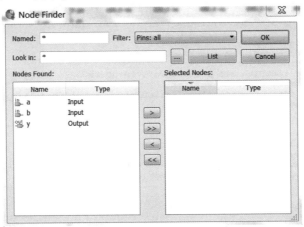

图 4-28　添加端口

(4) 编辑输入波形。首先选中端口 a，然后单击工具栏中的"clock"，设置激励信号，如图 4-29 所示。端口 b 同理。

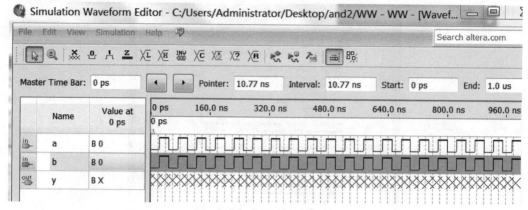

图 4-29　编辑波形

(5) 选择仿真工具，在"Simulation"菜单下选择"Options"，选择"Quartus Ⅱ Simulator"，如图 4-30 所示。

图 4-30　"Options"对话框

点击"OK"后，然后进行仿真，出现如图 4-31 所示界面，这就表示仿真成功了。

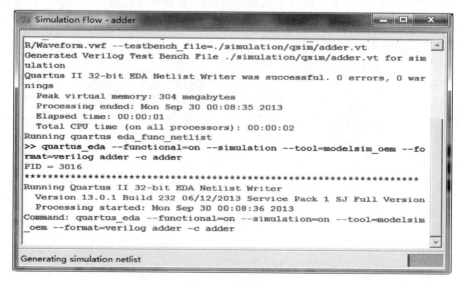

图 4-31　仿真成功

图 4-32 为引脚分配菜单,"Pin Planner"为引脚分配界面。需要注意的是除了时钟的引脚是固定的之外,其他的引脚都是任意定义的。根据各设备的引脚位置,选择接线简洁的引脚。

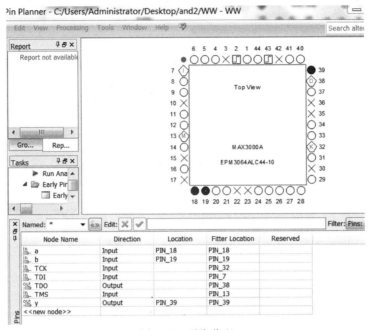

图 4-32 引脚分配

下载界面如图 4-33 所示,单击工具栏中的"Programmer"按钮进入下载界面,首先点击左下方的"Add Devices"按钮选择芯片型号,选择好之后右边会出现所选择的芯片,然后在上方的"Mode"选择"JTAG",再在"Program/Configure"下面打钩。若此时电脑与设备连接,就可以直接点击"Start"按钮开始下载。

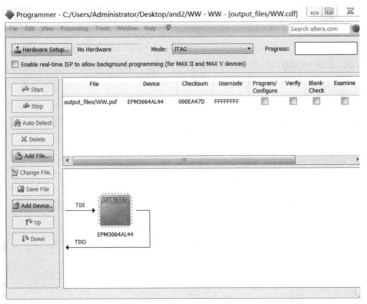

图 4-33 下载界面

5 Analog Circuit Lab Workbook

Lab 1 Workbook

Course name	Analog Electronics	Lab name	Usage of Common used Equipment	
Location			Date	
Student name		Student ID	Major	
Instructor			Grade	

Objective:

1. Become familiar with the different pieces of equipment in the lab.
2. Introduction to the oscilloscope and the waveform generator to generate and display ac waveforms.

This lab will investigate the use of the function generator to generate various types of time-varying signals, and will explore many features of the oscilloscope for observing time-varying signals in circuits.

Preparation:

Read the introduction of DS5000 oscilloscope and TFG1905B function generator. You should know some basics as follows:

1. The function generator is a device used to produce AC signals in the form of low-distortion sine waves, square waves, triangle waves, TTL sync signals, positive and negative pulses, and ramp waveforms. The time-varying signal can be configured using the following parameters:

Waveform: basic types of waveforms are sine, square, and triangle

1) Frequency: number of repetitions per unit time (Hz).
2) Amplitude: voltage magnitude of the signal (may be defined by V_{pk} or V_{pp}).
3) Offset: DC offset of the signal (in voltage) with respect to ground.
4) Phase shift: offset of the signal (in time) with respect to an unshifted signal.

2. The oscilloscope is a device used to visually display and measure AC signals. The screen displays a digital waveform representation of the signal with voltage on the vertical axis and time on the horizontal axis. The oscilloscope can automatically scale the display grid based on the amplitude and frequency of your signal, and can easily measure peak-to-peak or RMS voltages, as well as frequency and period of a signal. It can also analyze two signals simultaneously on CH1 and CH2, which is handy for comparing the input and output signals from an AC circuit.

Equipment:

DS5000 DSO (Digital Storage oscilloscope)   TFG1905B   Function Generator

Experiment:

1. Settingup and using an oscilloscope

DS5000 oscilloscopes have a 3V peak-to-peak square wave reference signal available at a terminal on the front panel used to compensate the probe. General instructions to compensate the probe are as follows:

1) Attach the probe to a vertical channel.

2) Connect the probe tip to the probe compensation, i.e. square wave reference signal.

3) Attach the ground clip of the probe to ground.

4) View the square wave reference signal.

5) Make the proper adjustments on the probe so that the corners of the square wave are square. If you do not have a square wave, you can ask for another probe and if it still does it, then you might have to consult with your lab instructor.

6) Save a screenshot of the signal and measurements on the oscilloscope display and design a table to show your result.

2. Use the TFG1905B function generator to generate sine, square, and triangle waveforms

Set the generator to produce a 1 V RMS (Root-Mean-Squared Voltage) sinewave at 100Hz、1kHz、10kHz、100kHz. Set up the oscilloscope to measure the signal. Configure the digital oscilloscope.

1) Select CH1 by pressing the "1" button on the oscilloscope.
2) Adjust the vertical volts/div knob until the entire signal is visible.
3) Adjust the horizontal sec/div knob until the desired waveform is seen on the display.
4) Add measurements to the display for V_{pp}, V_{rms}, and frequency.

3. Measuring phase difference

Please design a RC circuit and measure the phase difference between the input and the output.

Exercise:

1) What's the meaning of DC coupling and AC coupling when using oscilloscope?
2) If a signal looks noisy on the display screen, What do you want to do?
3) The voltage of an AC, time-varying signal can be described in various ways, please explain the difference between V_{pp}, V_{rms}, V_{pk}.

Lab 2　Workbook

Course name		Analog Electronics		Lab name		Common Emitter (CE) Amplifiers	
Location						Date	
Student name			Student ID			Major	
Instructor					Grade		

　　In this lab, the performance of the a common emitter (CE) amplifier will be examined. The common emitter configuration usually gives a small amount of current gain and a large amount of voltage gain. You will measure some of these quantities as well as the effects of loading the output of the amplifier.

Objective:
1. To understand the operational characteristics of a common emitter (CE) amplifier.
2. To examine the gain characteristics of a CE amplifier.
3. To be able determine the maximum output available from a basic CE amplifier.
4. To examine the effect of adding an emitter bypass capacitor to the CE amplifier circuit.
5. To understand how input and output impedance can be measured.

Preparation:
　　For this lab, We will use the 3DG6 BJT transistor. Please review theory of analyzing common emitter (CE) amplifier. Calculate the Q-point current I_{CQ}, and voltage U_{CEQ}. Show all general equations and design steps. Read Chapter 5 of the text book *Microelectronic Circuit* by Sedra Smith.

Equipment:
　　DS5000　DSO (Digital Storage Oscilloscope)　　TFG1905B　function generator　DC power supply

Experiment Procedure:

1. DC bias measurements:

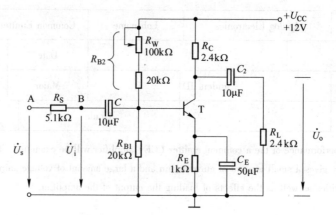

Figure 1 Common emitter amplifier

1) Connect DC to +12V and ground.
2) Apply no signal to the circuit input, u_s.

Measure the DC voltages at: U_C, U_B & U_E with respect to ground. The load resistor, RL, is not relevant for these DC measurements because it is AC coupled to the emitter. These voltages are the bias point voltages for this circuit. Next calculate the actual Q-point current, I_{CQ} and voltage U_{CEQ}.

2. Voltage gain A_u measurements

Apply the 10mV, 1kHz input signal using the function generator:

Use CH-1 of the oscilloscope to measure u_i.

Use CH-2 of the oscilloscope to measure u_{out}.

Determine A_u from the measured u_{out}, u_{in}.

3. Saturation and cutoff measurement:

1) Keep u_i at 1kHz.
2) Keep the 2.4kΩ load resistor switched in.

Change the u_i until saturation and cutoff are observed. Record the DC level with respect to ground of the input voltage, u_i, and corresponding voltage at U_c, where transistor saturation and transistor cutoff occurs. Saturation will cause clipping at the bottom of the waveform at U_o in this circuit. Cutoff will cause clipping at the top of the u_o waveform in this circuit.

Change the input level so the output is approximately one half the value of the undistorted output level and measure the input and output voltage (u_i and u_o). Calculate the voltage gain A_u.

4. Maximum u_o measurement:

1) Set u_i to 1kHz.
2) Switch in the 2.4kΩ load resistor R_L.

Observe the input signal, u_i, and u_o, the output signal across the load resistor. Change the input signal amplitude until clipping is observed at the output. Lower the input so the output voltage contains no visible sign of clipping or distortion of the output waveform. Record u_o peak to peak.

5. Input impedance:

$$R_i = \frac{U_i}{I_i} = \frac{U_i}{U_S - U_i} R_S$$

Measure the input signal, u_S, and u_i, Calculate R_i:

Observe the output waveform. If there is distortion of the output waveform then reduce the input signal level.

6. Output impedance:

Measure the output signal u_o unloaded and with 2.4kΩ load resistor respectively. Calculate output impedance R_o.

1) Use the value of U_o recorded when there was no load attached.
2) Use the value of U_L calculated when there was an 2.4kΩ load attached.

$$R_O = \left(\frac{U_O}{U_L} - 1\right) R_L$$

7. Plot the frequency response of the amplifier.

Exercise:

1. For the CE configuration, explain how the input signal is amplified and why it is inverted at the output.

2. What effect does the emitter resistor bypass capacitor have on the output impedance of the CE amplifier and why?

Lab 3 Workbook

Course name		Analog Electronics		Lab name		Two-stage Negative Feedback Amplifiers
Location				Date		
Student name			Student ID		Major	
Instructor				Grade		

In this lab, the performance of a two-stage common emitter (CE) amplifier with feedback will be examined. You will investigate the effects that negative feedback has on amplifiers.

Objective:

1. To understand the operational characteristics of a two-stage common emitter (CE) amplifier with feedback.
2. To build a series-shunt amplifier and measure the gain.
3. To measure the closed loop and open loop output impedance of the series-shunt amplifier.
4. To observe distortion reduction in feedback circuit.

Preparation:

For this lab, We will study feedback technique in electronic circuits. Please review the concept of feedback and its associated theory. We will focus on the effect of negative feedback. Read Chapter 8 of the text book *Feedback* by Sedra Smith.

Equipment:

DS5000   DSO (Digital Storage Oscilloscope)   TFG1905B   function generator   DC power supply

Experiment Procedure:

1. DC bias measurements:

1) Connect DC to +12V and ground according to Figure 1.

2) Apply no signal to the circuit input, U_s.

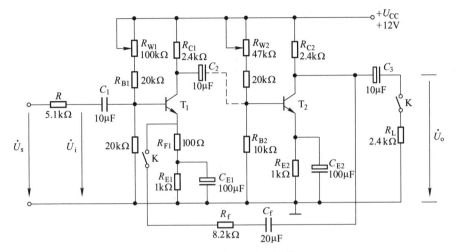

Figure 1 Amplifier with feedback

Measure the DC voltages at: U_{C1}, U_{B1}, U_{C2}, U_{B2}, U_{E1} & U_{E2} with respect to ground and fill the Table 1.

Table 1

U_{B1}/V	U_{E1}/V	U_{C1}/V	U_{BE1}/V	U_{CE1}/V	U_{B2}/V	U_{E2}/V	U_{C2}/V	U_{BE2}/V	U_{CE2}/V

2. Observe the effect of feedback

Apply the 5mV, 1kHz input signal using the function generator:

Use CH-1 of the oscilloscope to measure u_i.

Use CH-2 of the oscilloscope to measure u_{out}.

Determine A_u and A_{uf} from the measured u_{out}, u_{in}, fill the Table 2.

Table 2

Working mode	R_L	U_i/mV	U_o/V	A_u
Open loop	$R_L = \infty$			
	$R_L = 2.4k\Omega$			
Close loop	$R_L = \infty$			
	$R_L = 2.4k\Omega$			

3. Observe distortion reduction in feedback circuit:

1) Keep u_i at 1kHz.

2) Keep the 2.4kΩ load resistor switched in.

Change the u_i and observe the output waveform. If there is distortion of the output waveform then reduce the input signal level. Record the U_i. Compare U_i when circuit is in open loop working mode and in close loop working mode.

4. Measure the input and output impedences

The circuit in this lab use C_f and R_f to make a Series-Shunt feedback. Use method used in last lab to measure input and output impedance and compare them with the theoretical values. Fill in the Table 3.

Table 3

$R_i/\text{k}\Omega$	$R_o/\text{k}\Omega$	$R_{if}/\text{k}\Omega$	$R_{of}/\text{k}\Omega$

5. Plot the frequency response of the amplifier

Exercise:
1. Can you build a Series-Shunt feedback amplifier with an op-amp?
2. What effect does the Series-Shunt feedback amplifier have on the input and output impedance?

Lab 4 Workbook

Course name	Analog Electronics		Lab name		Operational Amplifiers	
Location	School of Electrical and Information (I - 404)			Date		
Student name		Student ID			Major	
Instructor				Grade		

In this lab, the performance of the circuits built with op-amp will be examined. An operational amplifier (op-amp) is a high gain, direct coupled differential linear amplifier. It has very high input impedance, typically a few mega ohms and low output impedance, less than 100Ω. Op-amps can perform mathematical operations like summation integration, differentiation, logarithm, anti-logarithm, etc., and hence the name operational amplifier op-amps are also used as video and audio amplifiers, oscillators and so on, in communication electronics, in instrumentation and control, in medical electronics, etc.

Objective:

1. To design, build, and test a Inverting Amplifier.
2. To design, build, and test a Non-Inverting Amplifier.
3. To design, build, and test a Difference Amplifier.
4. To build and test a integrator circuit using uA741.

Preparation:

For this lab, We will use the uA741 op-amp. uA741 series are general purpose op-amps intended for a wide range of applications and provide superior performance in general feedback circuits. Please review theory of analyzing feedback circuits. Design the circuit using proper resisters according to the requirement. Show all general equations and design steps. Read Chapter 4 and Chapter 6 of the text book *Analog Electronics* by Tong Shibai.

Equipment:

DS5000   DSO (Digital Storage Oscilloscope)   TFG1905B   function generator
Dual DC power supply

Experiment Procedure:

1. The inverting voltage amplifier is based on parallel-parallel negative feedback (see Figure 1). This amplifier exhibits modest input impedance, low output impedance, and stable inverting voltage gain. The voltage gain is set by the two feedback resistors, R_1 and R_f. Please determine the value of resistors and build the inverting voltage amplifier whose output $u_O = -10u_I$. Set the function generator to a 1kHz sine wave, 100mV peak. Apply the generator to the amplifier. Measure and record the output voltage, noting its phase relative to the input. Also, compute the resulting experimental voltage gain and gain deviation. Observe the output and U_O using oscilloscope and draw the waveform.

Zero input voltage should give zero output voltage. To check this, connect the free end of R_1 to ground and measure the output voltage V_{out}. The voltage won't be zero. To remedy this problem, we have to use the offset-null fascility provided in IC 741. For this, switch on the offset-null switch and adjust the potentiometer so that V_{out} is zero. Do no disturb the setting of the potentiometer in the rest of the experiment.

2. Please determine the value of resistors and build the non-inverting voltage amplifier (see Figure 2) whose output $u_O = 11 u_I$. Set the function generator to a 1 kHz sine wave, 100 mV peak. Apply the generator to the amplifier. Measure and record the output voltage, noting its phase relative to the input. Observe the output and U_O using oscilloscope and draw the waveform.

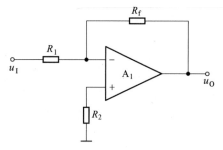
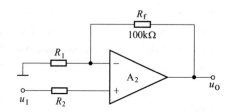

Figure 1 Inverting voltage amplifier Figure 2 Non-inverting voltage amplifier

3. An op-amp differential amplifier (see Figure 3) can be created by combining both a non-inverting voltage amplifier and an inverting voltage amplifier in a single stage. Proper gain matching between the two paths is essential to maximize the common-mode rejection ratio. Differential gain is equal to the gain of the inverting path. Design a difference amplifier that has the following specifications:

$$U_{I2} = 400\text{mV}$$
$$U_{I1} = 900\text{mV}$$

Closed loop voltage gain (A_f) = 10

Assume $R_1 = R_2 = 10\text{k}\Omega$

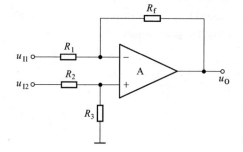

Figure 3 Differential amplifier

4. In an integrator circuit (see Figure 4), the output voltage is the integration of the input voltage. The output voltage of an integrator is given by $u_O = -u_C = -\dfrac{1}{C_F}\int i_f dt = -\dfrac{1}{R_1 C_F}\int u_1 dt$

At low frequencies the gain becomes infinite, so the capacitor is fully charged and behaves like an open circuit. The gain of an integrator at low frequency can be limited by connecting a resistor in shunt with capacitor. An integrator can change the waveform of the input signal, for example, turning a square wave into a triangle wave. Assemble the integrator circuit below. Set the function generator to a 1 kHz square wave, 1V peak. Apply the generator to the integrator. Observe the output U_O using oscilloscope and draw the waveform. Change the frequency of input signal, observe the output U_O, What happens to the accuracy of integration as the input frequency is increased?

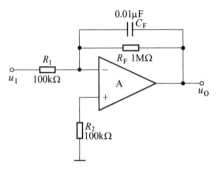

Figure 4 Integrator circuit

Exercise:
1. What can be said about the input impedance of non-inverting amplifier?
2. Does the non-inverting voltage amplifier exhibit a predictable and stable voltage gain?
3. At very low frequencies, does the integrator behave more like a true integrator, or like an amplifier?
4. Op-amps can be used to make excellent voltage-controlled current sources. Can you design this circuit?

Lab 5 Workbook

Course name	Analog Electronics	Lab name	Signal Conditioning Circuit
Location		Date	
Student name	Student ID		Major
Instructor		Grade	

In this lab, the performance of the signal conditioning circuits built with op-amp will be examined. The signal conditioning circuit is an electronic circuit that converts signals provided by a sensor to useful electric signals. These electric signals must meet specific criteria so that they are correctly interpreted and processed by the rest of the system's circuitry. The use of op-amps allows signal conditioning circuits to be more compact and precise in their implementations.

Objective:
1. To understand different types of signal conditioning circuits.
2. To design, build, and test a signal conditioning circuit.

Preparation:
For this lab, we will use the uA741 op-amp to design some signal conditioning circuits. Please review theory of linear and nonlinear applications with op-amp. Design the circuit using proper parameter according to the requirement. Show all general equations and design steps. Read Chapter 4 and Chapter 6 of the text book *Analog Electronics* by Tong Shibai.

Equipment:
DS5000 DSO (Digital Storage Oscilloscope)   TFG1905B function generator
Dual DC power supply

Experiment Procedure:

In electronics, signal conditioning means manipulating an analog signal in such a way that it meets the requirements of the next stage for further processing. There are different types of signal conditioning operations such as amplification, filtering, isolation, linearization, excitation, etc. Most of the sensors produce output in the form of change in resistance, voltage or current. Signal conditioning circuit convert raw signal from sensors into a signal industrial accepted range (0~10 V DC or 0~5V DC or 4~20 mA etc).

Here we have 3 designs for you. Please choose at least one circuit to design.

1. A control system needs the average of temperature from three locations where 3 sensors output 3 voltages. Please develop a circuit to output the average of three voltages V_1、V_2 and V_3.

2. A pressure sensor outputs a voltage varying as 100mV/psi and has a 2.5kΩ output impedance. Please develop a circuit to provide 0~2.5V output when pressure varies from 50~150psi.

3. A temperature sensor has a gain of 20mV/F. It will be used in an electronic thermostat system. Design a comparator circuit that will give a 4 degree F deadband for the thermostat control around a setpoint temperature of 72 degrees F. The comparator will use bipolar power supplies at ±5V DC. Interface the thermostat logic to a transistor driver (2N3904 h_{fe} = 300) that will actuate a furnace control relay. The relay has a DC resistance of 250 ohms.

Exercise:

1. There are many other signal conditioning circuits. Please draw the schematic of an instrumentation amplifier and list out the advantage of this circuit.

2. What kind of circuit is usually used to amplify signal from a temperature sensor?

Lab 6 Workbook

Course name	Analog Electronics	Lab name	Wave Generator
Location		Date	
Student name		Student ID		Major	
Instructor			Grade		

In this exercise, three wave generators are examined. The investigation will include the principle of oscillator and output frequency control.

Objective:
1. To understand the feedback conditions of an oscillator.
2. To build and test a Wien-bridge sine-wave generator.
3. To build and test a square-wave generator.

Preparation:
Oscillators are circuit designed to put out periodic waveforms like sine or square waves. For this lab, we will use the uA741 op-amp. Please review theory of analyzing positive feedback circuits. Read Chapter 8 of the text book *Analog Electronics* by Tong Shibai.

Equipment:
DS5000 DSO (Digital Storage Oscilloscope)   TFG1905B   function generator
Dual DC power supply

Experiment Procedure:

1. Sine-wave generator

The basic operating principle behind this type of oscillator is to provide both negative and positive feedback in the same circuit, with the positive feedback slightly larger, and through a tuned circuit make it satisfy the requirements for sinusoidal oscillation. We will use Phase-shift and Wien-Bridge networks to realize sine-wave generator. Construct the circuit shown in Figure 1. Observe and record the output u_O. Use ± 12V DC power. If waveform cannot be found on the screen, change R_W.

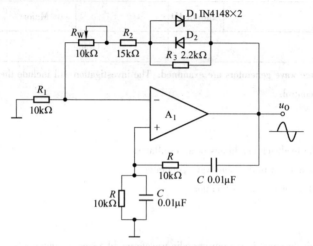

Figure 1 Wien-bridge oscillator

1) Derive the theoretical relationship between R, C, and the oscillator period T.
2) Show the wave forms that you observed.
3) What was the period of the oscillator that you observed experimentally? Compare these results to what you obtain theoretically.
4) Verify the condition that make a good oscillator.

2. Square-wave generator

Construct the circuit shown in Figure 2 and observe the output U_O using oscilloscope and draw the waveform.

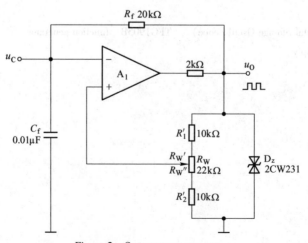

Figure 2 Square-wave generator

3. Triangle-wave oscillator

A triangle-wave oscillator can readily be made from a square-wave oscillator by integrating its output with an op-amp integrator. Construct the circuit. Construct the circuit shown in Figure 3 and observe the output U_0', U_0 using oscilloscope and draw the waveform.

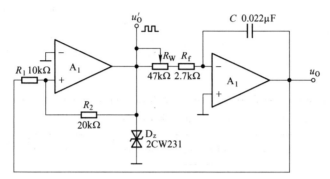

Figure 3 Triangle-wave oscillator

1) Derive the theoretical period T of this oscillator.
2) Show the wave forms that you observed.
3) What was the period of the oscillator that you observed experimentally? Compare these results to what you obtain theoretically.

Exercise:
1. Why we use two diodes in Wien-bridge oscillator?
2. What's positive feedback network in Wien-bridge oscillator?

Lab 7 Workbook

Course name	Analog Electronics	Lab name	Regulated Power Supply
Location		Date	
Student name		Student ID	Major	
Instructor		Grade		

DC power supply can convert the 220V AC line voltage from a regular power outlet to the 5V or other DC voltage needed for most digital logic ICs. Here is a typical block diagram (see Figure 1).

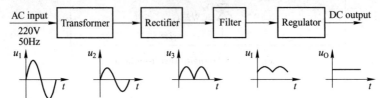

Figure 1 Block diagram

Objective:

1. Understand basic building blocks in the DC supply. Use a transformer to convert line voltage to a safe lower voltage, electrically isolated from the power grid.

2. Use a bridge rectifier and a filter capacitor to convert alternating current (AC) to direct current (DC).

3. Use an integrated circuit to regulate the DC output voltage and make it independent (within a specified range) of load variations.

Preparation:

Please review theory of direct-current voltage-stabilized source. Read Chapter 10 of the text book *Analog Electronics* by Tong Shibai.

Experiment Procedure:

1. Build the hardware circuit of a full wave rectifier as shown in Figure 2. The input voltage U_2 is a 14 volts peak, 50 Hz sinusoidal wave. U_2 is stepped down from line voltage (50 Hz and 220 Vrms) using a step-down transformer. Use 1N4007 diodes to construct your bridge rectifier. Observe the output voltage across the load resistor on the scope for $R_L = 240\Omega$. Repeat for $R_L = 120\Omega$.

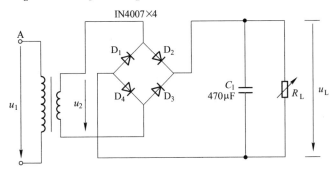

Figure 2   A full wave rectifier

2. Add a capacitor $C_1 = 470\mu F$ to form a filtered full wave rectifier. Be careful of the polarity of the capacitor when you connect the circuit. "Positive" of the capacitor goes to "positive" of the DC output of the bridge rectifier. Capture the output voltages for both $R_L = 240\Omega$ and $R_L = 120\Omega$.

3. Observe the output and U_2 using oscilloscope and fill in Table 1.

Table 1

Circuit		$U_2(V)$	$U_L(V)$	U_L waveform
$R_L = 240\Omega$				
$R_L = 240\Omega$ $C = 470\mu F$				
$R_L = 120\Omega$ $C = 470\mu F$				

4. Three-terminal integrated regulated power supply (see Figure 3)

Use W7800 series (Integrated regulated power chip) to generate DC power and measure U_O & I_{omix}.

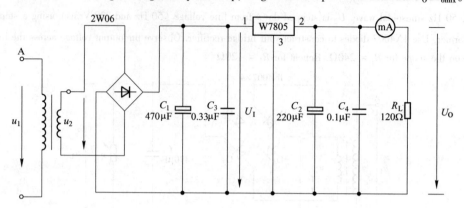

Figure 3 Three-terminal integrated regulated power supply

5. Measuring main parameters of DC power circuit

1) Stabilization coefficient S

Regulation coefficient S indicates the effect of electric net voltage fluctuation suffered by RP circuit. S is defined as the ratio of relative changes between the output voltage and the input one while the load is fixed.

$$S = \frac{\Delta U_O}{U_O} \bigg/ \frac{\Delta U_I}{U_I}$$

2) Output resistance R_o

Output resistance R_o is used to indicate the effect of load variation and defined as a ratio of the output voltage change and the output current change while the input voltage is fixed. In fact, it's the internal resistance of the thevenin's equivalent circuit.

Exercise:

How to design a DC power with both active and negative voltage outputs?

Digital Circuit Lab Workbook

Lab 1 Workbook

Course name	Digital Electronics	Lab name	Introduction to Combinational Circuits
Location		Date	
Student name		Student ID		Major	
Instructor			Grade	

This experiment challenges the student to design combinational logic circuits, and construct them using 74XX gates or other SSI chips.

Objective:
1. Become familiar with combinational circuits.
2. To introduce the design of some fundamental combinational logic building blocks.
3. To construct and debug digital logic circuits using integrated circuits.

Preparation:
Read the following experiment and complete the circuits where required. Obtain the data sheets for each of the TTL devices below and bring a copy to your lab session. Design the circuit using proper chips listed below. Label the pinouts on the circuit diagram.

Devices used:
  74LS00 2-input NAND gate   74LS151 8-1 multiplexer
  74LS20 dual 4-input NAND gate   74LS283 4-bit binary adder

Experiment:

1. Majority logic

A majority logic is a digital circuit whose output is equal to 1 if the majority of the inputs are 1's. The output is 0 otherwise. Design and test a three - input majority circuit using NAND gates with a minimum number of ICs.

For the TTL integrated circuits (ICs) that we are going to use in this and future labs, the device number for 2-input NAND gates is 74AC00 (or SN74AC00) and for NOT gates it is 74AC04 (or SN74AC04). The 74AC00 IC contains four 2-input NAND gates. It has 14 pins, 12 for the NAND gates and 2 for the power supply (VCC and digital GND).

2. Logic design with multiplexer

A multiplexer is a combinational circuit that selects binary information from one of several input sources and logically directs it to a single output channel. Using a single 74151 IC, construct a circuit with multiplexer that implements the boolean function $Y=AB+C'$.

(1) Obtain the truth table for Y as a function of the three inputs.

(2) Design the circuit using 74151. Draw the circuit diagram.

(3) Connect the circuit and verify the truth table.

3. Circuit design with parallel adder

74LS283 is a 4-bit parallel adder with internal carry look-ahead logic. Using switches and LEDs, verify the operation of the "283" device and complete its function table. Design a circuit which can convert 8421 BCD code to excess-3 code using 74LS283.

Exercise:

A seat belt warning system is to sound a warning buzzer unless all passengers have their seat belts fastened. The warning buzzer is to sound unless the driver's belt is fastened and each of the other seat belts are fastened or there is no weight on the seat. Assume there are "high" true logic signals representing the following: SS = start switch on; SB1 = driver seat belt fastened; SB2, SB3, SB4 = other belts fastened; W2, W3, W4 = weight sensed on seats 2, 3 and 4. Using 7400 and 7402 TTL chips, how can this be implemented? You will probably find that using the 7400 and 7402 modules to design, for example, an AND gate and then using the AND gate in your logic will be useful.

Lab 2 Workbook

Course name	Digital Electronics	Lab name		Flip-Flops
Location			Date	
Student name		Student ID	Major	
Instructor			Grade	

Sequential logic circuits are defined as circuits whose outputs depends both on the present values of the inputs and the present state of the circuit. Latches and flip-flops are basic sequential circuit.

Objective:
1. Become familiar with functionality of the simple RS latches and other flip-flops.
2. To introduce the operation of typical flip-flop IC.
3. Construct logic circuits using D flip-flop and JK flip-flop.

Preparation:
Read the following experiment and complete the circuits where required. Obtain the data sheets for each of the TTL devices below and bring a copy to your lab session.

Devices used:
  74LS00   2-input NAND   74LS112   JK flip-flop
  74LS74   D flip-flop

Experiment:

1. SR latch

(1) A latch or flip-flop is a memory cell capable of having an output in a logical "1" state or a logical "0" state. SR latch can be built using two NAND gates. Please sketch the circuit and connect the circuit with 74LS00.

(2) Test the circuit and fill in the Table 1 below.

2. D flip-flop

IC type 74LS74 consists of two D positive-edge-triggered flip-flops with preset and clear inputs. The pin assignment is shown in Figure 1. (http://www.electronics-tutorials.ws/sequential/seq_5.html) The function table specifies the preset and clear operations and the clock's operation. The clock is shown with an upward arrow to indicate that it is a positive-edge-triggered flip-flop. Investigate the operation of one of the flip-flops and verify its function table (see Table 2). Note that simultaneous switching of clear and preset results in both Q and Q' going to 1 (both LEDs will light). This is a forbidden state and will not persist if either preset or clear is released.

Table 1

S_L	R_L	Q	Q^*	QN^*
0	0	0		
0	0	1		
0	1	0		
0	1	1		
1	0	0		
1	0	1		
1	1	0		
1	1	1		

Table 2

CLR'	PR'	CLK	D	Q	Q^*
L	H	×	×	×	0
H	L	×	×	×	1
H	H	↑	0	×	0
H	H	↑	1	×	1
H	H	L	×	×	Q
H	H	H	×	×	Q

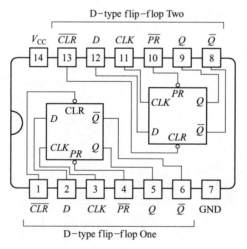

Figure 1

3. Toggle flip-flop (T FF)

Use a D FF to construct a T FF whose output changes state at every clock pulse.

4. JK flip-flop

IC type 74LS112 consists of two JK flip-flops (see Figure 2). Connect ground to pin 8 and 5V to pin 16 as usual. Referring to the 74LS112 pin-out diagram, select one of the two JK FFs and connect the input switches to the J and K inputs. Connect the pulse switches (the negative-true outputs) to the clock and clear inputs. The Q and Q' outputs should be connected to LED inputs. Investigate the operation of one of the flip-flops and complete its function table shown in Table 3.

Table 3

CLR	PR	CLK	J	K	Q	Q*
L	H	×	×	×	×	
H	L	×	×	×	×	
H	H	↓	0	0	×	
H	H	↓	0	1	×	
H	H	↓	1	0	×	
H	H	↓	1	1	×	
H	H	L	×	×	×	
H	H	H	×	×	×	

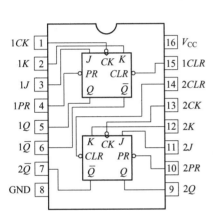

Figure 2

Exercise:

(1) If you need to use a JK FF, but the 7476 IC is not available but 7474 IC is available. Build a JK FF using D FF, show your circuit in logic and pin diagrams.

(2) If you need to use a D FF, but the 7474 IC is not available but 7476 IC is available. Build a D FF using JK FF, show your circuit in logic and pin diagrams.

Lab 3 Workbook

Course name	Digital Electronics	Lab name	Counters
Location		Date	
Student name		Student ID		Major	
Instructor			Grade	

Counters are sequential logic circuits whose state diagram is a single cycle.

Objective:

1. Become familiar with functionality of counters.
2. To introduce the operation of typical counter IC .
3. Construct counter circuits using D flip-flops.
4. Use CMOS/TTL integrated circuits to implement a 4-bit counter that counts modulo 6 or modulo 100 and displays the count on 7-segment display.

Preparation:

1. Read the entire section of this laboratory exercise in this laboratory manual. Also read and familiarize yourself with the sections of the Class Notes pertaining to counter circuits.
2. Prepare data tables and complete schematic diagrams for each experiment section of this lab. Indicate a specific test plan for each experiment.
3. Design a 4-bit up counter using D flip-flop. The counter should count from binary 0000-1111 then repeat.
4. Construct a modulo 6 counter using IC 74LS90 and display the count on 7-segment display.
5. Construct a modulo 100 counter using IC 74LS90 and display the count on 7-segment display.

Devices used:

74LS00   2-input NAND   74LS90   decade counter
74LS74   D flip-flop

Experiment:

1. Build and test your 4-bit up counter circuit using D flip-flop. Find the clock source on the lab board and connect it to the CLK input. Connect your output to LED to see if the counting sequence is correct. You can also use oscilloscope to watch output and CLK waveform. Measure the frequency at each counter output bit.

2. 74LS90 has an inbuilt divide by 2 and divide by 5 counters. It's an asynchronous counter whose internal diagram is shown below. Please analyze the working principle and verify the function of this chip. Please complete the function table (see Table 1) after test. Use a 7-segment decoder and 7-segment display to verify the decimal operation of the counter by feeding the A, B, C and D outputs for the counter into the 7-segment decoder referring to the 74LS90 pin-out diagram shown in Figure 1.

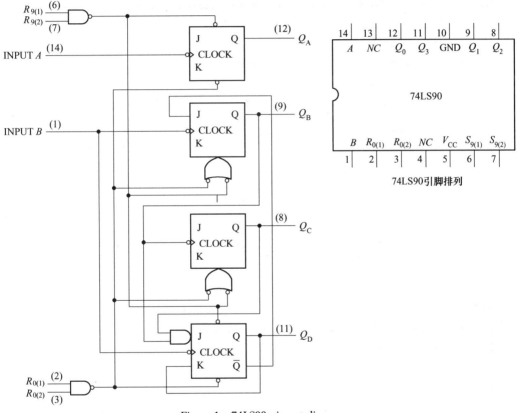

Figure 1 74LS90 pin-out diagram

Table 1

$S_{9(1)}$	$S_{9(2)}$	$R_{0(1)}$	$R_{0(2)}$	Q_D	Q_C	Q_B	Q_A
L	×	H	H				
H	H	L	×				
L	×	L	×				
×	L	L	×				
L	×	×	L				
×	L	×	L				

3. Build and test modulo 6 counter using IC 74LS90 and displays the count on 7-segment display.
   (1) Draw the circuit diagram.
   (2) Obtain the state diagram.
   (3) Connect the circuit and verify the counting sequence.

4. Build and test modulo 100 counter using IC 74LS90 and display the count on 7-segment display.
   (1) Draw the circuit diagram.
   (2) Obtain the state diagram.
   (3) Connect the circuit and verify the counting sequence.

Exercise:
   (1) How many ripple counter stages are required for a divide by 128 circuit?
   (2) Can a ring counter be designed to count by any number?

Lab 4 Workbook

Course name	Digital Electronics	Lab name	Binary Sequence Recognizer
Location		Date	
Student name		Student ID		Major	
Instructor			Grade	

Objective:

1. Become familiar with the method of designing FSM (Finite State Machine).

2. To introduce the operation of typical counter IC. The binary sequence recognizer (BSR) circuit has one data input, one signal output and one clock input line:

Design a state machine with input A and output Y.

Y should be 1 whenever the sequence 110 has been detected on A on the last 3 consecutive rising clock edges (or ticks). Otherwise, $Y=0$.

Preparation:

When a given sequence of bits has "arrived" on the Serial Data input line, the output becomes 1 otherwise the output is 0. For our problem we have a three-bit sequence: 110. Please use JK flip-flop to design this circuit. You should follow the steps shown in Table 1.

Table 1

State	State Type
1	Idle
2	has received 1
3	has received 11
4	has received 110

1. Draw a state dtagram that has four states.

2. You need to fill in the transition table, assign flip-flop bits to each state, fill in the Karnaugh maps, minimize, and design the circuit.

3. Determine the necessary output circuits which provide the required output signals.

4. Check what happens to your circuit when it starts in an unused state.

5. To complete this lab, you should produce input signal A.

Devices used:

74LS00   2-input NAND   74LS90   decade counter

74L112   JK flip-flop

Experiment:

1. Build and test your circuit which can produce sequence 110 using decade counter. Find the clock source on the lab board and connect it to the CLK input. Connect your output to LED to see if the sequence is correct. You can also use oscilloscope to watch output and CLK waveform. Please write down the design procedure.

2. Build and test the binary sequence recognize that you designed. You should use oscilloscope to watch output and CLK waveform. Please write down the design procedure.

Exercise:

Try to use a PLD chip to design this circuit.

Lab 5 Workbook

Course name		Digital Electronics		Lab name		Introduction to VHDL	
Location						Date	
Student name				Student ID		Major	
Instructor					Grade		

Objective:

1. Become familiar with Quartus II software.
2. To introduce the typical HDL language .

In this lab you will design, test, and simulate two basic logic circuits using the Quartus II software. The circuits you will create is a two-input AND gate and a full adder using behavioral VHDL coding.

Preparation:

Please read lab manual to get familiar with the NIOSII-EP3C40 board used in this lab.

Devices used:

NIOSII-EP3C40 board   EP3C40F780C8

Experiment:

1. Create a New Project
2. Start the Quartus Ⅱ software.
3. From the Windows Start Menu, select:
All Programs→Program→Altera→Quartus Ⅱ 9.1→Quartus Ⅱ 9.1 (32-Bit)
4. Start the New Project Wizard.

If the opening splash screen is displayed, select: Create a New Project (New Project Wizard), otherwise from the Quartus Ⅱ Menu Bar select: File→New Project Wizard.

5. Select the Working Directory and Project Name.

Working Directory	D: \ XUESHENGXINGMING \ Lab6
Project Name	and_ 1
Top-Level Design Entity	and_ 1

Click Next to advance to page 2 of the New Project Wizard.

Note: A window may pop up stating that the chosen working directory does not exist. Click Yes to create it.

6. Click Next again as we will not be adding any preexisting design files at this time.
7. Select the family and Device Settings. From the pull-down menu labeled Family, select Cyclone Ⅲ.

In the list of available device, select EP3C40F780C8, click Next. Click Next again as we will not be using any third party EDA tools. Click Finish to complete the New Project Wizard.

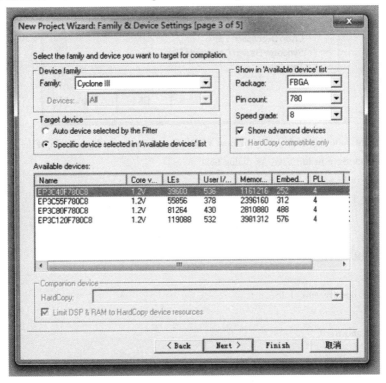

8. Create a new Design File.

Select: File→New from the Menu Bar.

Select: VHDL File from the Design Files list and click OK.

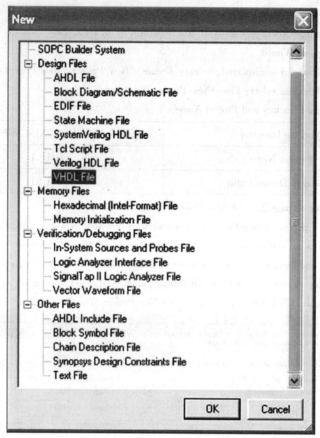

Copy and paste the following code into your new VHDL file, then save it by selecting File→Save. Name the file And_1 and click Save in the Save As dialog box.

```
LIBRARY IEEE;
USE IEEE.STD_LOGIC_1164.ALL;
ENTITY and_1 IS
    PORT (a, b : IN STD_LOGIC;
        y: OUT STD_LOGIC);
END and_1;
ARCHITECTURE one OF and_1 IS
    BEGIN
        y<= a and b;
    END one;
```

9. Implementing the Design on the NIOSII-EP3C40 board.

10. Full adder design.

Repeat steps above to implement a full adder.

Please write the VHDL code for full adder.

Lab 6 Workbook

Course name	Digital Electronics	Lab name	Stopwatch design	
Location			Date	
Student name		Student ID	Major	
Instructor			Grade	

Objective:

1. Become familiar with functionality of stopwatch.
2. To introduce the operation of typical timer IC .

Stopwatches and timers are instruments used to measure time interval, which is defined as the elapsed time between two events. A digital stopwatch can be a circuit displaying the actual time in minutes, hours and seconds or a circuit displaying the number of clock pulses. Here we design the second type wherein the circuit displays count from 0 to 59, representing a 60 second time interval. It has a button to start and stop timing an event and will show the amount of time that has elapsed from when it was started to the stop time.

Preparation:

This circuit is based on the principle of 2 stage counter operation, based on synchronous cascading. The idea is to display clock pulses count from 0 to 59, representing a 60 second time interval. This is done by using a 555 timer IC connected in astable mode to produce the clock pulses of 1 second interval each. While the first counter counts from 0 to 9, the second counter starts its counting operation every time the count value of first counter reaches 9. The counter ICs connected in cascading format and each counter output is connected to BCD to 7 segment decoder used to drive the 7 segment displays.

Devices used:

74LS00   2-input NAND   74LS90   decade counter
74L112   JK flip-flop

Experiment:

Build and test the stopwatch that you designed. You should use 7 segment displays to watch output. Please write down the circuit tuning procedure.

1. Build a circuit to produce the clock pulses of 1 second interval using a 555 timer IC connected in astable mode.

2. Design a modulo 60 counter and display system.

3. Design a control logic that can realize three working mode (RESET, START, STOP) using one control button.

Exercise:

Try to use a PLD chip to design this circuit.

Lab 7 Workbook

Course name	Digital Electronics	Lab name	555 Timer
Location		Date	
Student name	Student ID	Major	
Instructor		Grade	

The 555 timer is an 8-pin IC that is capable of producing accurate time delays and/or oscillators. A 555 timer can be obtained from various manufacturers including Fairchild Semiconductor and National Semiconductor.

The 555 timer can operate in 3 different modes:

1. Monostable mode
2. Astable mode or free running
3. Bistable mode or Schmitt trigger

Objective:

1. Become familiar with functionality of 555 timer (see Figure 1).
2. To introduce the typical application of 555 timer.

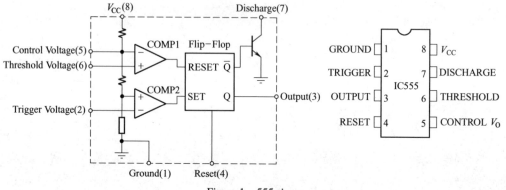

Figure 1 555 timer

Preparation:

Read the following description on 555 timer pins and complete the circuits where required.

Description of the 555 timer pins

Pin 1   GND   Ground Connection

Pin 2   Trigger   555 timer triggers when this pin transitions from voltage at V_{CC} to 33% v voltage at V_{CC}. Output pin goes high when triggered

Pin 3   Output   Output pin of 555 timer

Pin 4   Reset   Resets 555 timer when low

Pin 5   Control Voltage   Used to change Threshold and Trigger set point voltages and is rarely used

Pin 6   Threshold   Used to detect when the capacitor has charged. The Output pin goes low when the capacitor has charged to 66.6% of V_{CC}

Pin 7   Discharge   Used to discharge the capacitor

Pin 8 V_{CC} 5V to 15V supply input

Devices used:

NE555   555 timer

Basic theory:

1. Monostable mode

Figure 2 shows a monostable 555 timer circuit. A monostable multivibrator has one stable state and a quasistable state. When it is triggered by an external agency it switches from the stable state to quasistable state and returns back to stable state. The time during which it states in quasistable state is determined from the time constant RC. When it is triggered by a continuous pulse it generates a square wave.

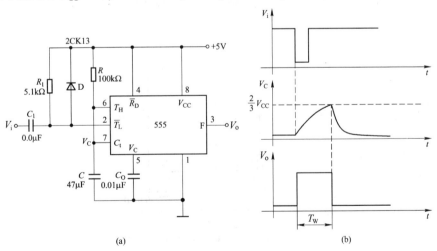

Figure 2   Monostable mode

The length of the output pulse depends on when the capacitor reaches 66.6% V_{CC}. This rate is determined by the charge capacity of the capacitor, C, and resistance, R. The length of the output pulse, t_P, is: $t_P = 1.1RC$

2. Astable mode

Figure 3 shows a 555 timer configured as a oscillator. The external components R_1, R_2, & C are used to select the frequency and duty-cycle of the output waveform. In this examples the output is connected to a simple LED with a current limiting resistor.

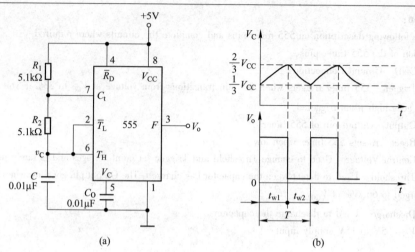

Figure 3 Astable mode

Period:

$$T = t_{w1} + t_{w2}, \quad t_{w1} = 0.7(R_1 + R_2)C, \quad t_{w2} = 0.7R_2C$$

Duty cycle（占空比）

$$P = \frac{t_{w1}}{t_{w1} + t_{w2}} \approx \frac{0.7R_A C}{0.7C(R_A + R_B)} = \frac{R_A}{R_A + R_B}$$

3. Bistable mode or Schmitt trigger

The following circuit shows the structure of a 555 timer used as a Schmitt trigger (see Figure 4). Pins 4 and 8 are connected to the supply (V_{CC}). The pins 2 and 6 are tied together.

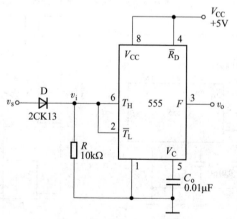

Figure 4 Schmitt trigger

The important characteristic of the Schmitt trigger is Hysteresis. The output of the Schmitt trigger is low if the input voltage is greater than the upper threshold value and the output of the Schmitt trigger is high if the input voltage is lower than the lower threshold value.

The output retains its value when the input is between the two threshold values. The usage of two threshold values is called Hysteresis and the Schmitt trigger acts as a memory element (a bistable multivibrator or a flip-flop).

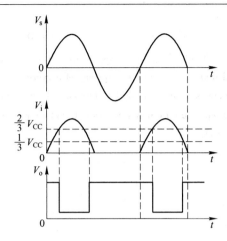
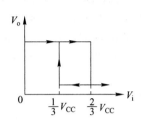

Figure 5

Experiment:

1. Design a monostable 555 timer circuit with $t_P = 0.1$ ms. The value of C is chosen as $0.01 \mu F$.

Please determine the value of R and connect the circuit. The power supply is switched on and set to +5V. The output of the pulse generator is set to the desired frequency. Here the frequency of triggering should be greater than width of ON period (i. e.) $T > W$. The output is observed using oscilloscope and the result is compared with the theoretical value. The experiment can be repeated for different values of C and the results are tabulated. Theoritical ($T = 1.095 RC$ (ms)) Practical T(ms).

2. Construct an astable multivibrator circuit using IC555 and verifiy its theoretical and practical time period.

3. Construct the Schmitt trigger circuit and trace the output waveform with 1kHz sine input signal (see Figure 5).

Exercise:

1. The high and low transitions on the inputs of most of the CMOS devices should be fast edges. If the edges are not fast enough, they tend to provide more current and this might damage the device. What method will you take to avoid such signal?

2. If you need to turn on an actuator for a set period of time, Which working mode will you choose to realize it using 555 timer?

3. Please design an astable multivibrator of 75% duty cycle and 1kHz frequency.

附录　专业词汇（英汉对照）

AC（alternating current）交流（电）
A. C. bridge 交流电桥
A. C. current calibrator 交流电流校准器
A. C. current distortion 交流电流失真
A. C. induced polarization instrument 交流激电仪
A. C. potentiometer 交流电位差计
A. C. resistance box 交流电阻箱
A. C. standard resistor 交流标准电阻器
A. C. voltage distortion 交流电压校准器
A. C. voltage distortion 交流电压失真
adder 加法器
address 地址
ALU（arithmetic logic unit）算术逻辑运算单元
amplifier 放大器
amplitude 幅度
amplitude modulation（AM）幅度调制；调幅
analog 模拟
analogue-to-digital conversion 模/数转［变］换
and 与
anode 阳极
architecture 结构
array 列阵
A SCII（american standard code for information interchange）美国信息交换标准码
astable 非稳态的
asynchronous counter 异步计数器
audio frequency amplifier 音频放大器
BW（band width）带宽
binary 二进制
bit 位
buffer 缓冲器
capacitor 电容量；电容器
cascading 级联
compiler 编译器
clock 时钟信号
CPU（central processing unit）中央处理单元
DC（direct current）直流
decade 十进制

decimal 十进制
decoder 译码器
D flip-flop D 触发器
digital 数字的
digital-to-analog converter（DAC）数模转换器
diode 二极管
DIP 双排标准组合封装
electric design automation（EDA）电子设计自动化
edge-triggered flip-flop 边沿触发触发器
encoder 编码器
EPROM 可擦写可编程只读存储器
Exclusive-NOR（XNOR）gate 同或门
exclusive-OR（XOR）gate 异或门
feedback 反馈
FET 场效应管
flash memory 闪存
flip-flop 触发器
frequency 频率
fulladder 全加器
GAL 通用陈列逻辑
gate 门电路
ground 接地
half adder 半加器
hexadecimal 十六进制
high-Z 高阻态
input 输入
invertor 反相器
IC（integrated circuit）集成电路
I/V（current to voltage convertor）电流-电压变换器
JK flip-flop JK 触发器
Karnaught map 卡诺图
latch 锁存器
LED（light emitting diode）发光二极管
logic 逻辑
logic diagram 逻辑图
low frequency response 低频响应
low frequency oscillator 低频振荡器
low pass filter 低通滤波器

LSI (large scale integration) 大规模集成电路
maximum power output 最大功率输出
medium frequency 中频
monostable 单稳态的
most significant bit (MSB) 最高有效位
multiplexer (MUX) 数据选择器
NOR gate 或非门
NOT 非
octal 八进制
one-shot 单稳态触发器
OR 或
PAL 可编程阵列逻辑
parallel 并行
period 周期
PI (proportional-integral (controller)) 比例积分（控制器）
PID (proportional-integral-differential (controller)) 比例积分微分（控制器）
PLA 可编程逻辑阵列
port 端口
power amplifier 功率放大器
power supply 电源
priority encoder 优先编码器
PROM 可编程只读存储器
pulse 脉冲

pulse width 脉宽
sequential circuit 时序电路
RAM 随机存取存储器
reset 复位
resistor 电阻
ROM 只读存储器
schematic diagram 原理图
serial 串行
set 置位
SRAM 静态随机访问存储器
state diagram 状态图
state machine 状态机
synchronous counter 同步计数器
synthesis 综合
transistor 晶体管
tristate 三态
truth table 真值表
TTL (transistor-transistor logic) 晶体管-晶体管逻辑
up/down counter 可逆计数器
V/F (voltage to frequency) 电压-频率转换
V/I (voltage to current convertor) 电压-电流变换器
VM (voltmeter) 电压表
zero adjustment 调零；零点调整
zero crossing point 过零点
zero potential 零电位

参 考 文 献

[1] Sedra,Smith Microelectronic Circuits. Fifth edition,New York. Oxford University Press,2004.
[2] 王萍,李斌. 电子技术实验[M]. 北京：机械工业出版社,2017.
[3] 任国燕. 模拟电子技术实验指导书[M]. 北京：中国水利水电出版社,2008.
[4] 周红军. 数字电子技术实验指导书[M]. 北京：中国水利水电出版社,2008.
[5] 王艳春,等. 电子技术实验与 Multisim 仿真[M]. 合肥：合肥工业大学出版社,2011.
[6] Curtis D. Johnson. 过程控制仪表技术[M]. 8 版. 北京：清华大学出版社,2009
[7] 覃贵礼. 用 Quartus Ⅱ 实现数字电路实验中的仿真[J]. 南宁师范高等专科学校学报,2005（2）：76~78.
[8] 张国雄. 测控电路[M]. 8 版. 北京：机械工业出版社,2012.
[9] Barry Wilkinson. 数字设计基础（双语教学版）[M]. 北京：机械工业出版社,2017.

冶金工业出版社部分图书推荐

书　名	作者	定价(元)
变频器基础及应用（第2版）	原魁　编著	29.00
大数据挖掘技术与应用	孟海东　宋宇辰　著	56.00
电工基础	王丽霞　刘霞　主编	25.00
电工与电子技术（第2版）	荣西林　肖军　主编	49.00
电力电子变流技术	曲永印　主编	28.00
电力电子技术	杨卫国　肖冬　编著	36.00
电路理论（第2版）	王安娜　贺立红　主编	36.00
电路原理	梁宝德　主编	29.00
电气传动控制技术	钱晓龙　闫士杰　主编	28.00
电气传动控制系统	钱晓龙　主编	35.00
电气传动系统综合实训教程	王华斌　主编	29.00
电气控制技术与PLC	刘玉　主编	45.00
电气控制及PLC原理与应用	吴红霞　刘洋　主编	32.00
电子技术及应用	龙关锦　仇礼娟　主编	34.00
电子技术实验	郝国法　梁柏华　编著	30.00
电子技术实验实习教程	杨立功　主编	29.00
工厂电气控制技术	刘玉　主编　严之光　副主编	27.00
工厂电气控制设备	赵秉衡　主编	20.00
工厂系统节电与节电工程	周梦公　编著	59.00
工程制图与CAD	刘树　主编　李建忠　副主编	33.00
工程制图与CAD习题集	刘树　主编　李建忠　副主编	29.00
工业企业供电（第2版）	周瀛　李鸿儒　主编	28.00
机电工程控制基础	吴炳胜　主编	29.00
控制工程基础	王晓梅　主编	24.00
模拟电子技术项目化教程	常书惠　王平　主编	26.00
数字电子技术基础教程	刘志刚　陈小军　主编	23.00
维修电工技能实训教程	周辉林　主编	21.00
无线供电技术	邓亚峰　著	32.00
自动检测和过程控制（第4版）	刘玉长　主编	50.00
自动控制原理（第4版）	王建辉　主编	32.00